農業経理士 教科書

【税務編】

大原出版

はじめに

　成長産業への変革期にある日本農業において、農業経営の法人化や異業種からの農業参入増加などを背景に現代的な農業経営を確立する必要性が高まっております。

　農業という業種の特徴は、生物の生産であることから、病虫害や自然災害による被害等、経営者自身でコントロールすることができない要素が多いことにあります。それゆえ、経営者自身の経験則に基づく判断が重要となりますが、すべての判断を経験則に頼ることは合理的ではなく、客観的事実たる計数を確かめながら経営判断を行うことで、より健全な農業経営を行うことが可能となります。特に法人経営では、計数に基づく経営管理が必須であり、現代的な農業経営に欠かせない要素となります。

　このような状況の中、当協会は日本の農業の発展、具体的には計数管理の基盤となる農業簿記の普及に寄与することを目的として、一般社団法人 全国農業経営コンサルタント協会による監修のもとで、平成26年度より「農業簿記検定」を実施しております。

　さらに、当協会では2020年度より「農業経理士」称号認定制度を創設致しました。本制度は、農業簿記で培った知識を基盤としながら、農業経営の現場で必要となる実践的なスキルを習得した者であることを当協会が認定し、「農業経理士」の称号を授与するものです。制度創設にあたり、新たに「経営管理」および「税務」試験を開設致しました。

　本書が読者の皆様の農業経営に関わる税務知識の習得、そして「農業経理士」称号取得の一助となれば幸いです。

一般財団法人　日本ビジネス技能検定協会

会長　田中　弘

農業経理士に関する情報はこちら
http://jab-kentei.or.jp/agricultural-accountant/

農業経理士教科書（税務編）

目　次

第1章　決算と申告

　　　1．農業の決算書の特徴……………………………………………… 1

　　　2．簿記一巡と決算………………………………………………… 9

　　　3．棚卸（決算整理①）……………………………………………11

　　　4．減価償却（決算整理②）………………………………………23

　　　5．費用収益の見越し・繰延べ（決算整理③）…………………38

　　　6．経営者等の報酬…………………………………………………43

　　　7．決算書と申告書の関係…………………………………………50

第2章　利益や取引への課税

　　　1．個人の所得の種類と課税のしくみ……………………………53

　　　2．所得と個人課税…………………………………………………64

　　　3．法人の利益と課税所得…………………………………………66

　　　4．所得と法人課税…………………………………………………73

　　　5．資本と法人課税…………………………………………………77

　　　6．法人税における法人の分類……………………………………79

　　　7．農地所有適格法人（旧・農業生産法人）……………………82

　　　8．農業経営基盤強化準備金（税制特例①）……………………86

　　　9．肉用牛免税（税制特例②）……………………………………97

　　　10．収入保険…………………………………………………… 102

　　　11．従事分量配当……………………………………………… 109

　　　12．事業と消費税……………………………………………… 114

第3章　法人化と経営継承

　　1．法人化に関する税務………………………………………　128

　　2．経営継承に関する税務……………………………………　136

　　3．経営継承と相続税…………………………………………　143

　　4．経営継承と贈与税…………………………………………　148

　　5．農業法人の株式・出資の評価……………………………　153

第 1 章　決算と申告

1．農業の決算書の特徴

(1)　貸借対照表

　　貸借対照表とは、一定期日の財政状態を表したものです。財政状態とは、資産・負債・純資産（資本）の状態のことをいいます。貸借対照表はその名のとおり、借方に資産、貸方に負債・純資産（資本）を記入したもので、借方の資産の合計金額は貸方の負債と純資産（資本）との合計金額に一致します。

　　貸借対照表を表す一定時点は、一般に期末で、これを「決算日」といいます。

　　貸借対照表は、資産の部、負債の部及び資本の部の三区分に分かち、さらに資産の部を流動資産、固定資産及び繰延資産に、負債の部を流動負債及び固定負債に区分します。また、資産及び負債の項目の配列は、流動性配列法によるのが原則です。

貸借対照表の構造

借方	貸方
資産の部	負債の部
Ⅰ　流動資産	Ⅰ　流動負債
	Ⅱ　固定負債
(1) 当座資産 (2) 棚卸資産 (3) その他流動資産	純資産の部
	Ⅰ　株主資本
Ⅱ　固定資産	(1) 資本金
	(2) 資本剰余金
(1) 有形固定資産 (2) 無形固定資産 (3) 投資その他の資産	(3) 利益剰余金 　　（繰越利益剰余金） (4) 自己株式
	Ⅱ　評価・換算差額等
Ⅲ　繰延資産	Ⅲ　新株予約権
資金の運用形態	資金の調達源泉

　　貸借対照表では、企業活動に必要な資金の運用形態（資産）とその調達源泉（負債・資本）を区分して表示します。資金の運用形態や調達源泉は、商工業と農業とで大きく変わるものではなく、農業における貸借対照表の勘定科目は商工業のものと大きな違いはありません。

　　しかしながら、農業が生物を育成して生産物を得る事業であることから、次のような農業特有の貸借対照表科目があります。

1

① 資産の部

a） 生物・繰延生物（固定資産）

農業用の減価償却資産である生物をいいます。果樹などの永年性作物や繁殖用家畜などがこれに該当します。

税法上、減価償却資産となるものは限定列挙されており、具体的な種類は減価償却資産の耐用年数に関する省令別表四（以下「別表四」という。）に掲げられています。なお、ばらの親株や採卵用鶏など別表四に掲げられていない生物を資産計上のうえ償却する場合には、税法固有の繰延資産として取り扱い、「繰延生物」として表示します。

減価償却は、固定資産を事業の用に供したときから開始しますが、生物の減価償却は、当該生物の成熟の時点から行います。成熟の時点とは、家畜のうち乳牛については初産分娩時、乳牛を除く繁殖用家畜については初産のための種付時であり、果樹等については当該果樹等の償却額を含めて通常の場合におおむね収支相償うに至ると認められる樹齢とします。

生物及び繰延生物は、固定資産の部の「有形固定資産」の区分に表示します。生物の減価償却累計額は、「減価償却累計額」勘定により、有形固定資産から一括して控除形式で表示する方法（間接法）によることを原則とします。これに対して、繰延生物に対する償却累計額は、その繰延生物の金額から直接控除し、その控除残高を繰延生物の金額として表示する方法（直接法）によります。

b） 育成仮勘定（固定資産）

農業用の生物の育成による支出をいいます。

自己が成育・成熟させた（以下「自己育成」という。）生物の取得価額は、購入代価等又は種付費・出産費・種苗費に、成育・成熟のために要した飼料費・肥料費等の材料費、労務費、経費の額を加えた金額とします。

自己育成した生物の取得価額は、育成仮勘定を用いて取得価額を集計します。棚卸資産である農畜産物などの取得に要した費用と育成に要した費用に共通するものが多いので、期中においては肥料費や飼料費などの費用勘定で経理しておき、決算整理において育成にかかる原価を按分して「育成費振替高」として製造原価（生産原価）から除外して期末日又は成熟日において育成仮勘定に振り替えます。さらに、期中に成熟した生物については、成熟日において育成仮勘定から「生物」勘定に振り替えます。有形固定資産を自己建設した場合に建設仮勘定を用いますが、建設仮勘定では支出時に直接、集計勘定に経理するのに対して、育成仮勘定では決算整理において集計勘定に振り替える処理をすることに留意してください。

育成仮勘定は、固定資産の部の「有形固定資産」の区分に表示します。なお、「育成費振替高」は、製造原価報告書の末尾において控除形式により表示します。

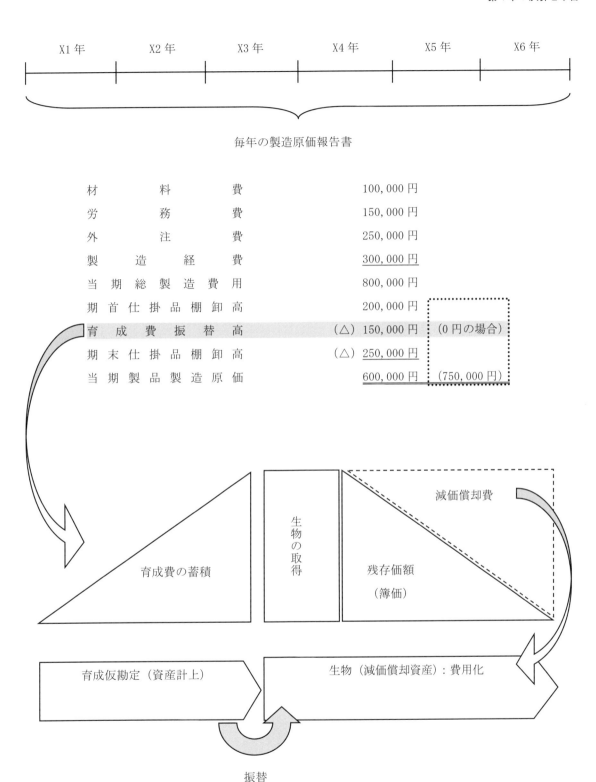

毎年の製造原価報告書

材　　料　　費	100,000 円
労　　務　　費	150,000 円
外　　注　　費	250,000 円
製　造　経　費	<u>300,000 円</u>
当 期 総 製 造 費 用	800,000 円
期 首 仕 掛 品 棚 卸 高	200,000 円
育 成 費 振 替 高	（△）150,000 円
期 末 仕 掛 品 棚 卸 高	（△）<u>250,000 円</u>
当 期 製 品 製 造 原 価	<u>600,000 円</u>

（0 円の場合）

（750,000 円）

減価償却費

育成費の蓄積

生物の取得

残存価額
（簿価）

育成仮勘定（資産計上）

生物（減価償却資産）：費用化

振替

c） 経営保険積立金（投資その他の資産）

国の経営安定対策や収入保険によって拠出した生産者積立金のうち、資産計上すべきものをいいます。なお、国の経営安定対策の制度としては、米・畑作物の収入減少影響緩和対策（収入減少補塡）、加工原料乳生産者経営安定対策などがあります。

経営保険積立金は、固定資産の部の「投資その他の資産」の区分に表示します。経営安定対策の補塡金は、特別利益の部に「経営安定補塡収入」として表示します。なお、拠出時に生産者積立金を資産計上しているため、補塡金のうち生産者積立金相当分の「経営保険積立金」勘定を取り崩し、残額を「経営安定補塡収入」とします。一方、収入保険については、収入保険の保険金及び特約補塡金のうち国庫補助相当分（保険金等）の見積額を特別利益の部に「収入保険補塡収入」として表示します。

② 負債・純資産の部

a） 農業経営基盤強化準備金

農業経営基盤強化に要する費用の支出に備えるため、経営所得安定対策などの交付金相当額を準備金として積み立てた額です。

租税特別措置法上の準備金は、原則として、純資産の部の「その他利益剰余金」の区分における任意積立金として表示します（剰余金処分経理方式）。ただし、繰越利益剰余金が農業経営基盤強化準備金の積立限度額を下回る場合に、剰余金処分経理方式によって積立限度額までの積立てをした場合に繰越利益剰余金がマイナスになって繰越欠損金が生ずるという問題があります。このような事態を避けるため、農業経営基盤強化準備金については、損金経理により固定負債の部における引当金として計上する方法も認められます（損金経理方式）。なお、個人農業者における農業経営基盤強化準備金の会計処理は損金経理方式によります。

なお、農業経営基盤強化準備金を損金経理によって積み立てる場合には、損益計算書において、「農業経営基盤強化準備金繰入額」として特別損失に表示します。また、過年度の損金経理によって引当金として計上された農業経営基盤強化準備金を取り崩す場合には、損益計算書において、「農業経営基盤強化準備金戻入額」として特別利益に表示します。

(2) 損益計算書

損益計算書とは一定期間の経営成績を表したものです。経営成績とは、経営活動の状況及びその成果をいいます。損益計算書では、費用及び収益をその発生源泉にしたがって分類して対応表示することによって、利益を発生源泉別に表示します。

具体的には、①企業活動の利益の源泉である「売上総利益」、②企業の営業活動に

よる利益（本業による儲け）である「営業利益」、③企業の日常的な経営活動から生じた利益である「経常利益」④会計期間における最終的な利益である「当期利益」です。

経営成績を表すための一定期間のことを「会計期間」といいます。法人の場合、会計期間は法人の任意により定めることができます。一方、個人の場合、所得税が暦年により計算されるため、会計期間も暦年（1月1日から12月31日）となります。

なお、企業内で生産活動を行っている場合には、製造原価報告書（生産原価報告書）を添付する必要があります。

損益計算書の構造

売	売上原価	仕入原価				
上 高		製品製造原価				
	売上総利益	販売費及び一般管理費				
		営業利益	営業外費用			
			経常利益	特別損失		
					法人税等	
		営業外収益		税引前当期利益	当期利益	繰越利益剰余金
			特別利益			
					（前期繰越利益）	

農業では、育成した生物そのものを売却したり、農畜産物の販売や作付けに対して国から交付金等が交付されたりするなど、収益の発生が商工業と大きく異なります。このため、損益計算書の収益の勘定科目に農業特有の勘定科目があります。

国からの交付金等が収益に占める割合の大きい土地利用型農業（水稲や麦・大豆などの畑作物）では、営業利益が赤字となることが多いものの、営業外収益に交付金等が計上されることで経常利益が黒字となる例が多いことも特徴の一つです。

また、農業が生物を育成して生産物を得る事業であることから、製造原価報告書の勘定科目は、労務費の区分に属するものを除いて、ほとんどが農業特有の勘定科目になります。

① 営業収益

a） 生物売却収入

減価償却資産である生物の売却収入です。

畜産農業においては搾乳牛や繁殖豚など固定資産である生物についても、畜産物として販売目的に切り替えられて、棚卸資産である家畜と同様、営業目的で売却されるものであるから、営業収益（売上高）の区分に「生物売却収入」等とし

て表示します。一方、売却直前の帳簿価額を「生物売却原価（売上原価）」の区分
による総額によって記載します。

　一般に、固定資産売却損益は純額によって損益計算書に計上されますが、これ
は重要性の原則の適用によるもので、固定資産売却損益が臨時損益であり、企業
の経常的な活動によって生じた経常利益を構成しないため、簡便な方法による表
示が行われています。これに対して、農業における生物の売却は、重要性が高い
ため総額による表示が行われています。

b）　作業受託収入

農作業等の作業受託による収入です。

農作業の受託も営業目的で行うものですから、営業収益（売上高）の区分に「作
業受託収入」として表示します。

c）　価格補塡収入

農畜産物の価格差交付金、価格安定基金の補塡金などの数量払交付金です。

売上高は、商品の販売などによって実現したものに限られますが、農畜産物の
販売数量に基づき交付される補塡金・交付金は、販売代金そのものではないもの
の、農畜産物の販売によって実現するものであるため、営業収益（売上高）の区
分に「価格補塡収入」として計上します。

②　営業外収益

a）　作付助成収入

作付面積を基準に交付される面積払交付金です。

国の所得補償政策等によって、農産物の作付けを条件として、作付面積に基づ
いて交付される助成金・交付金は、毎期、経常的に交付されることが予定されて
いるものであるため、営業外収益の区分に「作付助成収入」として計上します。

b）　一般助成収入

経常的に交付される助成金で作付助成収入以外のものです。農業の場合、中山
間地域等直接支払交付金など、作付面積以外の基準に基づいて交付される交付金
で経常的に交付されるものについても、重要性が高いため、営業外収益の区分に
「一般助成収入」として計上します。

③　売上原価

a）　生物売却原価

減価償却資産である生物の売却直前の帳簿価額です。

生物の売却直前の帳簿価額を売上原価の内訳科目として表示します。勘定科目
としては、一括して「生物売却原価」とするか、又は飼養する畜種に応じて、適
宜、「廃牛売上原価」、「廃豚売上原価」などように区分して記載します。

なお、生物の売却は、収入金額を総額により「生物売却収入」として表示する

とともに売却直前の帳簿価額を「生物売却原価」に振り替えて売上原価の内訳科目として表示します。

④ 製造原価

a） 材料費

農業はモノづくりですので、製造原価報告書（生産原価報告書）を作成します。製造原価報告書は一般に、材料費・労務費・経費の３つに区分されます。工業簿記では、材料費を「当期材料仕入高」勘定で表記しますが、農業では原価構造を詳しく見るため、材料費をさらに、種苗費・素畜費・肥料費・飼料費・農薬費・敷料費・諸材料費などに区分して表示します。

b） 飼料補填収入

配合飼料安定基金から補填される補填金は、配合飼料価格の高騰にともない交付されるものであるため、製造原価報告書において材料費から控除することを原則とします。具体的には、「飼料補填収入」として飼料費の次行において控除形式により表示します。また、飼料費から直接控除して注記する方法によることもできます。

なお、上記に伴う生産者負担金は、「共済掛金」等の勘定科目によって製造原価に計上します。一方で、生産者負担金を原価外で経理した場合には、費用収益対応の原則により、補填金も原価から控除しないで営業外収益の区分に計上することになります。

(3) 農業法人標準勘定科目

「農業法人標準勘定科目」は（公社）日本農業法人協会が制定したものです。（公社）日本農業法人協会では、以前に会員から財務諸表を集めて農業法人の経営指標を作ろうとしたこともありましたが、当時の財務諸表は製造原価報告書が作成されていないものも多く、農業法人の会計基準が明確になっていない実情が明らかになりました。そこで、これをきっかけとして制定されたのが「農業法人標準勘定科目」です。農業法人の会計基準を定めるうえで、まず勘定科目を標準化することが第一と考えたためです。

「農業法人標準勘定科目」は、商工業で一般に使用されている勘定科目体系を基礎とし、これに農業特有の会計処理に必要な勘定科目を追加しました。

「農業法人標準勘定科目」では、貸借対照表の科目について「経営保険積立金」(旧：経営安定積立金)、「農業経営基盤強化準備金」など、農業簿記固有の勘定科目を追加しています。その一方で、農業簿記では、これまで仕掛品を「未収穫農産物」「肥育牛」などとし、機械装置を「大農具」と言い換えていましたが、商業簿記や工業簿記と共通の概念を持つ勘定科目は、それらに準じた共通の勘定科目を使用することにし

ました。また、営農類型によってそれぞれ「未成園」「未経産牛」などとしていた育成中の果樹・牛馬を「育成仮勘定」として統一したほか、減価償却資産としての「成園」「経産牛」も「生物」勘定に統一しました。

　一方、損益計算書の科目については、製造原価報告書の勘定科目を中心に、農業簿記固有の勘定科目を採用し、農業の損益構造が把握しやすいように、伝統的な農業簿記の勘定分類を基礎としています。製造原価報告書について、材料費の区分は原価構造を詳しく見るため詳細に区分していますが、近年の酪農の飼養形態の変化などにより、重要性が高まった「敷料費」を追加しています。また、製造経費については、農業生産の外部化（アウトソーシング）の流れを受けて外注費の区分を設け、その内容に応じて「預託費」「ヘルパー利用費」「圃場管理費」などの勘定科目を追加しています。

2．簿記一巡と決算

（1）　簿記一巡の流れ（取引から決算書までの流れ）

取引から決算書の作成までは、次のような流れです。

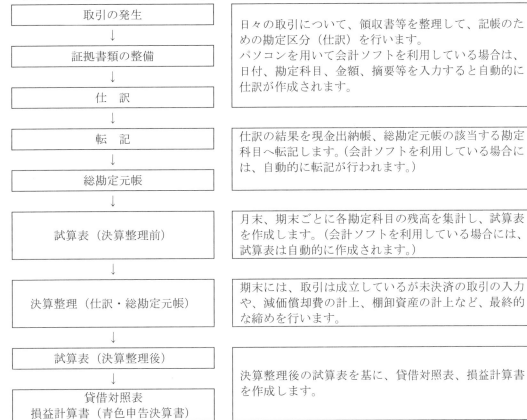

取引の発生	日々の取引について、領収書等を整理して、記帳のための勘定区分（仕訳）を行います。 パソコンを用いて会計ソフトを利用している場合は、日付、勘定科目、金額、摘要等を入力すると自動的に仕訳が作成されます。
↓	
証拠書類の整備	
↓	
仕　訳	
↓	
転　記	仕訳の結果を現金出納帳、総勘定元帳の該当する勘定科目へ転記します。（会計ソフトを利用している場合には、自動的に転記が行われます。）
↓	
総勘定元帳	
↓	
試算表（決算整理前）	月末、期末ごとに各勘定科目の残高を集計し、試算表を作成します。（会計ソフトを利用している場合には、試算表は自動的に作成されます。）
↓	
決算整理（仕訳・総勘定元帳）	期末には、取引は成立しているが未決済の取引の入力や、減価償却費の計上、棚卸資産の計上など、最終的な締めを行います。
↓	
試算表（決算整理後）	決算整理後の試算表を基に、貸借対照表、損益計算書を作成します。
↓	
貸借対照表 損益計算書（青色申告決算書）	

（2）　決算整理

　決算整理とは、正しい期間損益計算を行うための会計処理で、通常、期末に行います。決算整理の主なものとして、期首・期末の棚卸計上、減価償却費の計上、費用・収益の繰り延べ・見越し——などがあります。

　農業簿記の場合、未収穫農産物の棚卸や育成費用の計算、法人の場合の農産物の棚卸には製造原価の算定が必要となります。このため、決算整理の手順として、まず、製造原価の算定のために、費用・収益の繰り延べ・見越し、固定資産の減価償却、繰延資産の償却、引当金の設定といった手続きが必要となります。また、育成費用の計算については、肥料や飼料などの棚卸しが先に終わっていなければなりません。

　さらに、消費税の計算には、費用・収益の繰り延べ・見越し、貸倒損失の処理、さらに原則課税事業者から免税事業者、免税事業者から原則課税事業者に切り替わると

きは棚卸しも関係してきます。したがって、一般的な決算整理をすべて終えてから、消費税額の計算を行うことになります。

　消費税に関する決算整理が済むと、農企業としての税引前利益が確定します。最後に、個人事業の場合には、企業利益のうち農業所得とならないものを除外して、農業所得の金額を計算します。法人の場合には、法人税、住民税、事業税の計算をして、その額をもって法人税などの納税充当金の充当をします。

　なお、個人事業者の場合、取引のすべてが事業（農業）所得となるのではなく、その取引の内容で他の所得となるものがあります。例えば、預金利息は利子所得、出資配当は配当所得、トラクターなどの減価償却資産の譲渡は譲渡所得となり、不動産の賃貸料については、不動産所得となります。これらは事業所得の決算書には計上されないため、事業主勘定（事業主貸または事業主借）として処理し、農業所得用の青色申告決算書には計上しません。なお、個人事業者の事業主勘定は翌年に繰り越さず、毎年、期首の資産と負債との差額により元入金を計算します。

　これら決算整理には、個人と法人とでは、いくつか異なる点があります。まず、個人事業者の減価償却費は、定められた減価償却方法・耐用年数で計算された金額を必要経費に算入するのに対して法人は計算された減価償却費のうち、限度額までの金額が、損金に算入されます。これは、個人事業者が所得に対して課税される所得税は、超過累進税率によって課税され、所得の多寡によって適用される税率が異なるため、所得が少ないからといって、減価償却費の計上を翌期以降に計上することを認めていないからです。また、個人事業者では、農産物について収穫基準の適用により時価で評価をして期末棚卸を行います。

(3)　会計期間

　個人事業者の会計期間は、原則としてその年の 1 月 1 日から 12 月 31 日の「暦年」となります。一方、法人は自ら定款で定める任意の期間となり、6 ヶ月とすることもできます。

3．棚卸（決算整理①）

（1） 棚卸とは

　　棚卸とは、正しく期間損益を計算するために、期末に未販売あるいは未使用となっている棚卸資産を実地に確認するなどして、これらの帳簿価額を売上原価や製造原価から控除する手続です。

（2） 農産物（製品）の期末棚卸の計算

① 個人農業者

　　個人農業者において、12 月 31 日現在で収穫済みであるものの、未販売の農産物について棚卸をし、時価で評価します。収穫基準が適用される個人農業者については、農産物の期末棚卸高は、収穫時の収穫価額、すなわち時価で評価されて総収入金額に算入されます。反対に期首農産物棚卸高は総収入金額から控除されます。

　　このため、所得税青色申告決算書（農業所得用）における農業所得の収入金額は、次の算式により計算します。

> 農業所得の収入金額＝　④小計(注) －⑤期首農産物棚卸高 ＋⑥期末農産物棚卸高
> (注) ④小計＝ ①販売金額 ＋②家事消費・事業消費金額 ＋③雑収入

　　棚卸表の作成にあたっては、数量、単価、金額を記載します。ただし、①野菜等の生鮮な農産物、②その他の農産物のうちその数量が僅少なもの、は記載を省略しても差し支えありません。「野菜等の生鮮な農産物」とは、①すべての野菜類、②果実等のうち収穫時から販売又は消費等が終了するまでの期間が比較的短いもの（例えば、ぶどう、もも、なし、びわなど）をいいます。また、「その他の農作物」とは、果物のうち収穫時から販売又は消費等が終了するまでの期間が比較的長いもの（例えば、みかん、りんご、くりなど）及びいも類（甘しょ、馬れいしょ）等の農産物をいいます。その他の農産物のうち数量が僅少とはいえないものや米麦等は、棚卸を省略することはできません。

　　農産物の棚卸価額は、その農産物の収穫時の価額（収穫価額＝時価）、すなわち、生産者販売価額によって計算します（所得税基本通達41－1）。生産者販売価額とは、農家の庭先における農産物の裸価格、具体的には、市場の取引価格から市場手数料、市場までの運賃、包装費その他の出荷経費を差し引いた金額をいいます。

農業を営む者の取引に関する記載事項等の特例について（法令解釈通達　課個5-3 平成18年1月12日）

標題のことについては、下記のとおり定めたから、これにより取り扱われたい。
（中略）

記

1　青色申告者の場合

(1)　農産物を収穫した場合の収入金額等の計上時期、計算及び記帳の方法等について

　農産物（所得税法施行令第88条（農産物の範囲）に規定するものをいう。）を収穫した場合の収入金額の計上時期及び当該計算については、同法第41条（農産物の収穫の場合の総収入金額算入）第1項に規定するいわゆる収穫基準による（同法第67条（小規模事業者の収入及び費用の帰属時期）に規定するいわゆる現金主義を選択した場合を除く。）。また、この場合の記帳の方法等については、正規の簿記の方法によるときには同法施行規則第58条（取引に関する帳簿及び記載事項）による大蔵省告示（昭和42年8月大蔵省告示第112号）別表第一（青色申告者の帳簿の記載事項）の「一事業所得の部」の「(ロ) 農業の部」（以下、「農業の告示」という。）の第一欄により、簡易簿記の方法によるときには農業の告示の第二欄により、それぞれ記帳するとともに、棚卸資産については、同法施行規則第60条（決算）の規定により棚卸表に記載することとされており、さらに、現金主義を選択したときについては、農業の告示の第三欄により記載することとされているが、農産物の収入に関する事項及び棚卸資産の記帳に当たって、農産物の数量、単価、金額の記載については、次に掲げる農産物の別によりそれぞれ次の方法によっても差し支えない。

　なお、家事消費等の金額は、収穫年次の異なるごとにその収穫した時における当該農産物の価額の平均額又は販売価額（市場等に対する出荷価格をいう。）の平均額によって計算しても差し支えない。

	米麦等の穀類	野菜等の生鮮な農産物	その他の農産物
収穫時の記載	数量のみ記し、単価、金額は記載を省略する。	記載を省略する。	
販売時の記載	数量、単価、金額を記載する。	数量、単価、金額を記載する。ただし、数量、単価について明らかでない場合は記載を省略する。	
家事消費等の記載	年末に一括して、数量、単価、金額を記載する。	年末に一括して金額のみを記載する。	年末に一括して、数量、単価、金額を記載する。
棚卸表の記載	数量、単価、金額を記載する。	記載を省略する。	数量、単価、金額を記載する。ただし、その数量が僅少なものは省略する。
摘要	イ　野菜等の生鮮な農産物及びその他の農産物の区分はおおむね次による。 　（イ）　「野菜等の生鮮な農産物」とは、①すべての野菜類及び②果実等のうち収穫時から販売又は消費等が終了するまでの期間が比較的短いものをいい、例えば、ぶどう、もも、なし、びわなどがこれに含まれる。 　（ロ）　「その他の農作物」とは、果物のうち収穫時から販売又は消費等が終了するまでの期間が比較的長いもの及びいも類（甘しょ、馬れいしょ）等の農産物をいい、この種の果物には例えば、みかん、りんご、くりなどが含まれる。 ロ　棚卸表に記載する価額は、収穫時の価額によるものとする。		

（以下略）

　ただし、大豆のように収穫年に販売価格が定まらないものは、実務上、収入減少影響緩和交付金（収入減少補填）の大豆の「標準的収入」によるのも一つの方法です。また、自給用の飼料作物については、販売価格がありませんので、生産した乾草やサイレージなどの自給飼料について、同等の栄養価の流通粗飼料の販売単価を基準として収穫時の時価を計算します。肉用牛免税は、農業者であることが適用要件になりますので、圃場作物を栽培している事実を青色申告決算書のうえで明らかにする必要があります。飼料作物を栽培している場合には、その事業消費金額及び棚卸金額を時価評価して計上します。この場合、事業消費金額と同額が飼料費として必要経費に算入されることになります。

　なお、畜産物には収穫基準の適用はありませんので、販売用動物（仕掛品）の期末棚卸高については、取得価額による原価で評価します。

②　農業法人

　農業法人においては、農産物を製品として取扱い、棚卸を行います。製品の期末棚卸高は、原則として原価で評価されて製造原価から控除されます。ただし、農業法人であっても、原価計算によらず、棚卸高を時価で計上している場合もあります。

(3)　仕掛品の期末棚卸及び育成仮勘定の計算（原価計算の手順）

①　費目別原価計算

　原価計算は、原価計算単独で行うものではなく、財務会計による仕訳などの情報に基づいて原価を計算します。この点について、原価計算基準（昭和37年、企業会計審議会）は次のように述べています。「原価要素の形態別分類は、財務会計における費用の発生を基礎とする分類であるから、原価計算は、財務会計から原価に関するこの形態別分類による基礎資料を受け取り、これに基づいて原価を計算する。この意味でこの分類は、原価に関する基礎的分類であり、原価計算と財務会計との関連上重要である」（原価計算基準8）。

　財務会計とは、財務諸表を核とする会計情報を、企業外部の利害関係者（株主、債権者、徴税当局など）に対して提供することを目的とする会計です。これに対して、経営者や企業内部の管理者に対する情報提供を目的とする会計を管理会計と呼んでいます。管理会計は主として、原価計算と予算管理から成っています。

　このように、原価計算は管理会計と密接な関係がありますが、財務会計との関係についても、財務会計から基礎資料を受け取るという点だけでなく、棚卸資産の貸借対照表価額の決定に原価計算が必要であるという点で不可分の関係にあります。具体的には、原価計算によって計算された期末の仕掛品や製品の原価が、財務会計において、期末棚卸高として当期の損益計算書において原価の控除項目として計上されるとともに、貸借対照表に資産として計上されて翌期に繰り越されることにな

ります。

　財務会計における費用計算を基にして行う費目別原価計算は、原価計算の出発点です。原価計算基準でも「原価の費目別計算とは、一定期間における原価要素を費目別に分類測定する手続をいい、財務会計における費用計算であると同時に、原価計算における第一次の計算段階である」（原価計算基準9）としています。

　費目別計算においては、原価要素を「材料費、労務費および経費に属する各費目に分類する」（原価計算基準8）こととしています。

a）　材料費

　「材料費とは、物品の消費によって生ずる原価」（原価計算基準8）をいいます。

　農業会計では、材料費は、種苗費、素畜費、肥料費、飼料費、農薬費、敷料費、諸材料費に分類して表示します。工業簿記では、材料費は、通常、「素材費」や「当期材料仕入高」勘定で表記しますが、農業会計では、原価構造を詳しく見るため、材料費をこれらの費目に細分して表示するのが特徴です。

　材料費に属する科目は、原則として変動費になります。このうち、種苗費、肥料費は耕種農業における費目、素畜費、飼料費、敷料費は畜産農業における費目です。農薬費は、耕種農業、畜産農業に共通して用いる費目ですが、畜産農業の場合には予防用の薬剤費に限定し、獣医の診療に基づく治療薬は製造経費の診療衛生費に含めます。種苗費、素畜費、肥料費、飼料費、農薬費、敷料費、燃油費のいずれにも属さない材料費を、諸材料費に含めて表示します。

　　＜参考＞

　　①　変動費・固定費とは

　　　変動費＝売上げの増減に伴って変動する費用

　　　⇒農業の場合、生産規模（作付面積）の増減に伴って変動する費用を変動費として扱う

　　　固定費＝売上げが増減しても変動しない費用

　　②　限界利益とは

　　　限界利益＝売上高（変動益）から変動費を差し引いた利益

　　　限界利益に基づく利益計画

　　　　計画利益＝単位当り限界利益×生産規模－固定費

　工業簿記では、消耗工具器具備品費を製造経費ではなく材料費に区分します。これに対して農業会計では、材料費を変動費の性格を持つものに限定するため、消耗工具器具備品費を諸材料費ではなく、「農具費」として表示し、材料費ではなく、製造経費に分類します。農業法人の標準勘定科目は、経営分析に活かすことを主眼としているからです。材料費に計上するかどうかは、①部門個別費として生産過程で消費され、期末に在庫の棚卸を行うもの、②純粋に変動費と

しての性格を有するもの ― を基準に考えてください。期首・期末の棚卸については、期首材料棚卸高及び期末材料棚卸高として、材料費に加減する方法により表示します。

原価計算において材料費は次の算式によって計算します。

○　材料費＝消費量×消費価格

ただし、財務会計においては、材料費の金額は次の算式によって計算します。

○　材料費＝購入原価－期末材料棚卸高（＋期首材料棚卸高）

b）　労務費

「労務費とは、労務用役の消費によって生ずる原価」（原価計算基準8）をいいます。

生産現場の作業員の人件費については、事務員などの人件費と区別し、労務費として製造原価に算入します。作業員の給料は「賃金手当」、賞与は「賞与」としますが、源泉徴収税額表・日額表丙欄が適用される臨時雇については「雑給」として区分します。

生産現場の作業員の法定福利費、福利厚生費についても販売費及び一般管理費と区別して労務費に計上しますが、事務員分が少額で区分が難しいときは、一括して製造原価の労務費に計上しても構いません。福利厚生費とは、従業員の保健衛生、慰安、慶弔等の費用ですが、中退共など退職共済の掛金も福利厚生費勘定に含めます。一方、農業の場合、作業服、軍手、長靴、地下足袋の購入費用については、福利厚生費に含めないで「作業用衣料費」として別科目に計上します。

なお、退職給与の積立や引当をしていないために一時に生じた退職金は、製造原価としないで販売費及び一般管理費に含めます。また、役員報酬は、農業の現場に従事することが多い場合でも、財務諸表上は、按分しないで販売費及び一般管理費に一括して表示します。

原価計算において労務費は次の算式によって計算します。

○　労務費＝実際作業時間×消費賃率

c）　経費

「経費とは、材料費、労務費以外の原価要素」（原価計算基準8）をいいます。

原価計算において経費は原価計算期間の発生額によって計算します。

○　経費＝発生額（消費量×消費価格）

②　部門別原価計算（作目別損益計算）

「原価の部門別計算とは、費目別計算において把握された原価要素を、原価部門別に分類集計する手続をいい、原価計算における第二次の計算段階である」（原価計算基準15）としています。製品別原価計算、すなわち、農畜産物の単位当たりの原価を計算する前提として、部門別（作目別）の原価計算が必要になります。ただし、農産

物については、畜産物と異なり、部門別の総原価を単純に生産量で割れば農産物の単位当たりの原価を計算できるため、厳密な意味での製品別原価計算は必要ありません。このため、農産物の原価計算は、一般的には部門別原価計算（作目別損益計算）が基本になります。

製造原価（生産原価）の構成

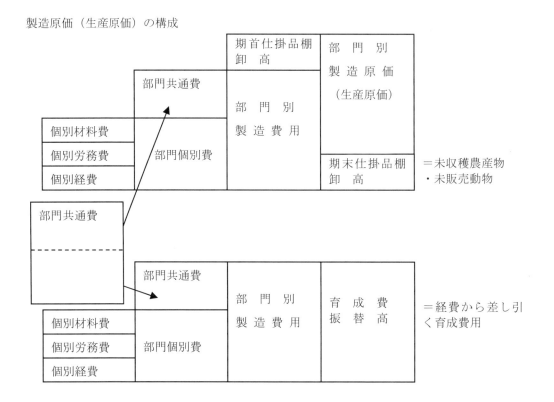

a）　原価部門の設定

　「原価部門とは、原価の発生を機能別、責任区分別に管理するとともに、製品原価の計算を正確にするために、原価要素を分類集計する計算組織上の区分」（原価計算基準16）をいいます。農業においては、作目ごとに原価部門を設定することが一般的です。

b）　部門個別費と部門共通費

　「原価要素は、これを原価部門に分類集計するに当たり、当該部門において発生したことが直接的に認識されるかどうかによって、部門個別費と部門共通費とに分類する」（原価計算基準17）こととしています。

（a）　部門個別費

　特定の部門で消費したと認識できる原価要素を部門個別費といいます。「部門個別費は、原価部門における発生額を直接に当該部門に賦課」（原価計算基準 17）します。農業会計では、作目ごとに部門を設定して作目ごとに部門個別費を賦課

します。材料費に属する費用（種苗費、素畜費、肥料費、飼料費、農薬費、敷料費、燃油費、諸材料費）は、原則として部門個別費として取り扱います。

(b)　部門共通費

　　特定の部門で発生したことが認識できない原価を部門共通費といいます。

「部門共通費は、原価要素別に又はその性質に基づいて分類された原価要素群別にもしくは一括して、適当な配賦基準によって関係各部門に配賦する」（原価計算基準 17）ものです。実務的には、財務会計において共通部門を設定して会計処理を行い、部門共通費を集計します。さらに、部門別原価計算において部門共通費を各原価部門に配賦します。配賦基準としては、作付面積・稼働時間、売上高の割合などが用いられます。

c）　実務の対応

　　パソコン簿記では、仕訳に部門コードを付して部門管理します。種苗費、素畜費は、購入の仕訳に直接部門コードを付すことができます。肥料は購入の時点でどの作物の圃場に散布するかわかりませんが、継続記録法によって購入時に資産計上した原材料勘定を、消費の都度、肥料費に振り替える仕訳に部門コードを付けることも可能です。

　　しかし、例えば動力光熱費が複数の部門にまたがる費用、すなわち部門共通費である場合、発生の都度、仕訳に部門コードを付けることができません。このため、部門共通費については、とりあえず共通部門として仕訳しておき、部門別原価計算において期末に使用割合などにより費用を部門別に按分する必要があります。なお、部門共通費の按分の作業は会計ソフトで仕訳により行うよりも、表計算ソフトによるのが現実的です。

③　製品別原価計算（個体別原価計算）

　　「原価の製品別計算とは、原価要素を一定の製品単位に集計し、単位製品の製造原価を算定する手続をいい、原価計算における第三次の計算段階である」（原価計算基準 19）としています。畜産物については、未販売動物、すなわち期末に肥育している家畜の期末仕掛品棚卸高を計算する必要があるため、財務会計上も個体別原価計算が必要になってきます。

a）　直接費と間接費

　　「原価の発生が一定単位の製品の生成に関して直接的に認識されるかどうかの性質上の区別による分類」によって「直接費と間接費とに分類する」（原価計算基準 8）こととしています。

(a)　直接費

　　畜産物の原価計算において、子畜購入代や種付料などの素畜費は、家畜 1 頭ごとに直接的に賦課することができます。このような原価要素を直接費といいます。

（b）間接費

　畜産物の原価計算において、たとえば飼料費は、１回の取引によって発生した費用が特定の家畜に対応するわけではありません。このように個別に直接賦課することができない原価要素を間接費といいます。実務的には、部門を設定して会計処理を行い、個別部門ごとに部門間接費を費目別に集計します。さらに、個体別原価計算において部門間接費を一定の配賦基準で個別の製品（農畜産物）に配賦します。たとえば、畜産物の原価計算においては、延べ飼育日数を計算して１日当たりの飼料費など間接費を計算し、個体別原価計算の対象となる家畜の飼育日数にこの１日当たりの間接費を乗じて個別の家畜に配賦します。

家畜台帳（原価計算表）の例

名称	区分	品種	性別	生年月日	直接費（個別）		終了月日	飼養日	換算日	間接費（按分配賦）			原価合計 A+B	顛末
					繰越額	素畜費				飼料費	その他原価	計		
合計														

凡例

区分＝1：子牛・育成牛

品種＝1：乳用種　2：肉用種　3：交雑種

性別＝1：雌 2：去勢・雄

顛末＝1：販売　2：死亡等　3：翌年繰越

注.

1) 販売用動物だけでなく、搾乳牛や繁殖牛など自己の事業の用に供する目的で育成している飼養している家畜もこの台帳に計上する。

2) 終了月日は、販売用動物については出荷の日、自己が生育する牛馬等については成熟して固定資産に振り替えた日を記入する。

3) 飼養日は当期中の飼養日数を記入する。

4) 換算日は飼養日数に週齢、月齢別の飼料要求率により換算した日数を記入する。

5) 飼料費は育成日数又は換算日数により按分する。

6) その他原価は飼料費以外の製造原価（敷料費、畜舎等の租税公課・減価償却費、農機具費、診療衛生費、動力光熱費、人件費（青色専従者給与を含む。）であり、育成日数で按分する。

7) 育成中の牛馬等については、素畜費のほかは飼料費のみを育成費用としても差し支えないこととなっている。したがって、育成中の牛馬等については、他原価の按分による費用の計上は省略することができる。

④　標準原価の設定

　　労務費は、作業時間により部門別に配賦します。ただし、従事者ごとに労賃単価が異なり、これを個別に原価を配賦するのは煩雑ですので、平均単価に作目別の作業時間を乗じて作目ごとの労務費を計算します。こうすれば個人差を無視して作業別の延べ作業時間さえ集計すればよいことになります。しかし、この方法でも会計

期間が終了しなければ平均単価を出すことができず、期中に生育期間が終了した作物についても期末まで待たないと製造原価が出ないことになります。そこで、予定単価として標準労賃単価（賃率）を前年度実績などに基づいて設定して労務費を計算します。期末には今年度の実績に基づいて労賃単価を計算し、差異を分析してみましょう。

役員報酬は、役員が農業の現場に従事する場合でも製造原価に含めないで販売費及び一般管理費に計上しますが、役員の作業時間も含んだ作業時間を標準労賃単価に乗じて労務費を計算することにより、より厳密な製品原価を算定することができます。

野菜など自家農産物を加工して漬物などを製造することがあります。ところが、野菜の収穫量は天候などに左右されて年によって増減するため、野菜の製品一単位当たりの製造原価は大きく変動します。このため、加工品の製造原価を算定するにあたっては原料の自家農産物について予定原価である標準材料費を設定して行います。

⑤　個人農業者の取扱い

a）　仕掛品（未収穫農産物）の取扱い

個人農業者における取扱いは次のとおりです。

（a）　毎年同程度の規模で作付等をする未収穫農産物

毎年同程度の規模で作付等をする未収穫農産物については、その整理を省略し、当該費用の額をその年分の必要経費に算入しても差し支えないとされています。

（b）　(a)以外の未収穫農産物

(a)以外の未収穫農産物については、当該費用の額はおおむね種苗費、肥料費及び薬剤費に限定して差し支えないとされています。

b）　育成仮勘定（未成育の牛馬等又は未成熟の果樹等）の取扱い

個人農業者における取扱いは次のとおりです。

（a）　動物（未成育の牛馬等）の場合

未成育の牛馬等に要した費用については、種付費のほかおおむね飼料費に限定して差し支えないとされています。

（b）　植物（未成熟の果樹等の場合）

未成熟の果樹等に要した費用ついては、種苗費及び明らかに区分できる苗木の定植に要した労務費のほか、おおむね肥料費、薬剤費に限定して差し支えないとされています。

(4) 決算のチェックポイント

　　期末の棚卸資産の金額や育成仮勘定の金額を期首の金額と比較し、期末の金額が不自然に増加していないか確認します。仕掛品が肥育牛や肉豚など販売用家畜である場合、期首・期末の頭数を確認し、1頭当たりの金額を期首と期末とで比較します。また、育成仮勘定についても期首と期末の育成牛などの頭数を確認し、1頭当たりの金額を期首と期末とで比較します。

　　1頭当たりの金額が不自然に増加しているなど期末仕掛品棚卸高や期末の育成仮勘定の金額が過大に計上されていると認められる場合には、決算書の利益が本来の成績よりも過大に計上されることになります。その場合、粉飾決算の可能性もありますので、注意が必要です。

　　仕掛品の期首・期末棚卸高及び頭数について、個人の場合には、青色申告決算書2ページの「Ⓑ農産物以外の棚卸高の内訳」で確認することができます。

Ⓑ　農産物以外の棚卸高の内訳（現金主義によっている人は、記入しないでください。）

区　　分	期　首　棚　卸　高 数　量	金　額	期　末　棚　卸　高 数　量	金　額
未収穫農産物		円		円
販売用動物	肉豚 10頭	224,000	7頭	161,000
種苗,飼肥料,農薬,諸材料	配合肥料 10袋	20,000	33袋	66,000
	配合飼料 40袋	66,000	20袋	33,000
	××乳剤 30本	10,000	50本	18,000
	××水和剤 12本	11,000	10本	10,000
	ダンボール箱 100箱	11,900	150箱	18,000
その他				
合　　計		⑫342,900		㉝306,000

出典：国税庁パンフレット「青色申告決算書（農業所得用）の書き方」

　　育成仮勘定の期首・期末の金額及び頭数について、個人の場合には、青色申告決算書3ページの「Ⓕ果樹・牛馬等の育成費用の計算」で確認することができます。法人の場合には、仕掛品と同様に確認します。

Ⓕ　果樹・牛馬等の育成費用の計算（販売用の牛馬、受託した牛馬は除きます。）

果樹・牛馬等の名称	取得・生産・定植等の年月日	前年からの繰越額	㋑本年中の種苗費、種付料、素畜費	㋺本年中の肥料、農薬等の投下費用	小計 (㋑+㋺)	㋩育成中の果樹等から生じた収入金額	㋥本年に取得価額に加算する金額 (㋩−㋥)	本年中に成熟したものの取得価額	翌年への繰越額 (㋑+㋺−㋥)	㋺、㋩、㋥の欄の金額の計算方法
甘夏みかん植付 (50本)	25.11	275,000	—	100,000	100,000	40,000	60,000	—	335,000	
計		275,000	—	100,000	㉞100,000	40,000	60,000	—	335,000	

出典：国税庁パンフレット「青色申告決算書（農業所得用）の書き方」

　　法人の場合には、勘定科目内訳明細書の「棚卸資産の内訳書⑤」で確認しますが、
１頭ごとの金額の記載が省略されている場合には、法人が任意に作成している家畜台
帳などの資料によって期首・期末の頭数を確認します。

⑤

棚卸資産（商品又は製品、半製品、仕掛品、原材料、貯蔵品）の内訳書

科　　目	品　　　　目	数　　量	単　価 円	期　末　現　在　高 百万 千 円	摘　　　　要

4．減価償却（決算整理②）

(1) 減価償却とは

　　減価償却とは、減価償却資産の取得価額を一定の方法によって使用可能期間の各年分又は各事業年度分の費用として配分していく手続きです。

　　個人事業者の場合、減価償却費は、定められた減価償却方法・耐用年数で計算された金額（償却限度額）を必要経費に算入します。これを「強制償却」と呼んでいます。一方、法人の場合、減価償却費として計上した金額のうち償却限度額までの金額を損金に算入します。

　　個人事業者の場合、所得に対して課税される所得税は、超過累進税率によって課税されるため、課税される所得税の税率が年度の所得によって異なってきます。このため所得の多寡によって、負担する所得税が異なるため、所得が少ないからといって、減価償却費の計上を翌期以降に計上することは認められません。

　　これに対して、法人の場合、個人の「強制償却」と異なり、任意に減価償却費を計上することができます。したがって、法人の設立当初など定率法による償却をするほど利益が見込めない場合など、定額法による償却限度額相当額で償却費を計上することも可能ですし、減価償却を取り止めることもできます。なお、税務署への届出により償却方法をいったん変更するとすぐには元に戻せないため、後に利益が伸びてきたときに定率法により大きく償却費を計上できるよう、定率法（法定償却方法）を定額法に変更する届出はしない方が良いでしょう。

(2) 減価償却費の計算

　　償却方法には、定額法や定率法などがあり、選定した償却方法によって減価償却費（年償却額）を計算します。ただし、資産を年の中途で取得又は取壊しをした場合には、年償却額を 12 で除してその年分又は事業年度分において事業に使用していた月数（1 月未満の端数は 1 月とします。）を乗じて計算した金額になります。

① 定額法

　定額法とは、その償却費が毎年同一となるように減価償却費を計算する方法です。

a) 定額法（新たな定額法）

　　新たな定額法は、2007 年 4 月 1 日以後に取得した減価償却資産に適用されます。新たな定額法では、取得価額に（新たな）定額法の償却率を乗じて年償却額を計算します。

定額法の年償却額＝取得価額×（新たな）定額法の償却率

（新たな）定額法の償却率は、1を耐用年数で除して、原則として小数点以下第3位未満の端数を切り上げて計算します。

b）　旧定額法

旧定額法は、2007年3月31日までに取得した減価償却資産に適用されます。

旧定額法では、減価償却資産の取得価額から残存価額を控除した金額に定額法の償却率を乗じて年償却額を計算します。

> 旧定額法の年償却額＝（取得価額－残存価額）×旧定額法の償却率

旧定額法の償却率は、新たな定額法の償却率とほぼ同じですが、1を耐用年数で除して、原則として小数点以下第3位未満の端数を切り捨てて計算します。

②　定率法

定率法とは、その償却費が毎年一定の割合で逓減するように減価償却費を計算する方法です。

a）　定率法（新たな定率法）

新たな定率法は、2007年4月1日以後に取得した減価償却資産に適用されます。新たな定率法では、未償却残高に（新たな）定率法の償却率を乗じて年償却額（＝調整前償却額）を計算します。ただし、調整前償却額が償却保証額に満たなくなった年分以後は、改定取得価額に改定償却率を乗じて年償却額（＝調整前償却額）を計算します。償却保証額は、その減価償却資産の取得価額に「保証率」を乗じて計算します。

（a）　［調整前償却額≧償却保証額］の場合

> ［調整前償却額≧償却保証額］の場合
> 定率法の年償却額＝<u>（取得価額－償却累計額）</u>×定率法の償却率
> 　　　　　　　　　∥　　　　　　　　∥
> 　　　　調整前償却額　　　未償却残高

定率法の償却率は、定額法の償却率を2倍して計算します（この償却率による償却方法を「200%定率法」といいます。）。ただし、2012年3月以前に取得した減価償却資産については、定額法の償却率を2.5倍して計算します（この償却率による償却方法を「250%定率法」といいます。）。

（b）　［調整前償却額＜償却保証額］の場合

調整前償却額が償却保証額を下回った場合、その最初の事業年度を特定事業年度とし、特定事業年度の期首帳簿価額（取得価額から償却費の累積額を控除した後の金額）を改訂取得価額とします。特定事業年度以後は、この改定取得価額に、その償却費がその後毎年同一となるように当該資産の耐用年数に応じた「改定償却率」を乗じて年償却額を計算します。

> ［調整前償却額＜償却保証額］の場合
> 定率法の年償却額＝改定取得価額（特定事業年度の期首簿価）×改定償却率

平成19年度の税制改正で残存価額が廃止されたため、新たな定率法では、特定事業年度以降は均等償却に切り換えて1円まで償却します。

表1．耐用年数7年の場合（200%定率法）

定額法の償却率　　　0.143
定率法の償却率　　　0.286　　保証率　　0.08680　　　　改定償却率　　0.334

年数	1	2	3	4	5	6	7
期首簿価	5,000,000	3,570,000	2,548,980	1,819,971	1,299,459	865,439	431,419
調整前償却額	1,430,000	1,021,020	729,009	520,512	371,646	247,516	123,386
償却保証額	434,000	434,000	434,000	434,000	434,000	434,000	434,000
改定取得価額×改定償却率					434,020	434,020	434,020
償却限度額	1,430,000	1,021,020	729,009	520,512	434,020	434,020	431,418
期末簿価	3,570,000	2,548,980	1,819,971	1,299,459	865,439	431,419	1

　なお、表1では、調整前償却額が償却保証額を下回る特定事業年度が5年目になりますが、特別償却を行った場合、調整前償却額が償却保証額を下回る特定事業年度が早まります。たとえば、事業供用初年度に「中小企業者等が機械等を取得した場合等の特別償却」により取得価額の30%の特別償却を行った表2の例では、特定事業年度が3年目になり、償却年数が2年短くなります。

表2．耐用年数7年で特別償却を行った場合（200%定率法）

定額法の償却率　　　0.143
定率法の償却率　　　0.286　　保証率　　0.08680　　　　改定償却率　　0.334

年数	1	2	3	4	5	6	7
期首簿価	5,000,000	2,070,000	1,477,980	984,334	490,688	1	1
調整前償却額	1,430,000	592,020	422,703	281,520	140,337	0	0
特別償却額	1,500,000						
償却保証額	434,000	434,000	434,000	434,000	434,000	434,000	434,000
改定取得価額×改定償却率			493,646	493,646	493,646		
償却限度額	2,930,000	592,020	493,646	493,646	490,687	0	0
期末簿価	2,070,000	1,477,980	984,334	490,688	1	1	1

b）　旧定率法

　旧定率法は、2007年3月31日までに取得した減価償却資産に適用されます。旧定率法では、未償却残高に旧定率法の償却率を乗じて年償却額を計算します。

年償却額＝（取得価額－償却累計額）×旧定率法の償却率

旧定率法の償却率は、耐用年数経過時に未償却残高が取得価額の 10%（残存価額）となる率です。

また、減価償却資産に資本的支出を行った場合には、原則として、その支出金額を取得価額として、その有する旧減価償却資産と種類及び耐用年数を同じくする新たな減価償却資産を追加取得したものとされます。したがって、償却率の改正により、2012 年 4 月 1 日以後に資本的支出を行った場合には、その資本的支出により新たに追加取得したものとされる減価償却資産については、200％定率法により償却を行うこととなります。

③ 償却方法の選定

償却限度額の計算上選定をすることができる償却方法は、資産の区分に応じ次の表 3 のとおりです。届出により償却方法を選択しなかった場合は、各減価償却資産の種類等に応じた法定償却方法が適用されます。

表 3．減価償却資産の償却方法

減価償却資産の区分	選定できる償却方法	法定償却方法	
		個人事業者	法人
建物(注1)、建物付属設備・構築物(注2)、無形固定資産(注3)、生物	定額法のみ	定額法	定額法
機械装置・船舶・航空機・車両運搬具・工具器具備品（建物・建物付属設備・構築物以外の有形固定資産）	定額法・定率法	定額法	定率法

注.

1) 1998年 3 月31日以前に取得した建物で定率法により償却していたものは、継続して定率法により償却できる。

2) 2016年 3 月31日以前に取得した建物付属設備・構築物で定率法により償却していたものは、継続して定率法により償却できる。

3) 鉱業権を除く。1998年 3 月31日以前に取得した営業権は任意償却する。

④ 取得価額

減価償却資産の取得価額は、次の額に「その資産を事業の用に供するために直接要した費用の額」を加算した金額となります。

（ア） 購入した減価償却資産

購入代価＋付随費用（引取運賃・荷役費・運送保険料・購入手数料・関税等）

（イ） 自己が成育・成熟させた生物

購入代価等又は種付費・出産費・種苗費＋成育・成熟のために要した飼料費・肥料費、労務費、経費の額

　なお、圧縮記帳した場合は、圧縮記帳による損金算入額を控除した金額をもって取得価額とみなします。

⑤　**残存価額**

　残存価額とは、減価償却資産が業務の目的に使えなくなった時に残る処分可能価値です。2007 年 3 月 31 日までに取得した減価償却資産については、法令により定められた残存割合を取得価額に乗じて残存価額を計算します。

　2007 年 3 月 31 日までに取得した減価償却資産については、定額法の場合、取得価額から残存価額を控除した償却基礎額に旧定額法による償却率を乗じて償却限度額を計算していました。この場合の残存割合は、財務省令「減価償却資産の耐用年数等に関する省令」別表第 11「平成 19 年 3 月 31 日以前に取得をされた減価償却資産の残存割合表」に定められています。別表第 1・2 に掲げる有形減価償却資産については 10％、別表第 3 に掲げる無形減価償却資産は 0％、別表第 4 に掲げる生物については 5％から 50％の範囲で細目ごとに定められています。ただし、牛及び馬の残存価額は、残存割合を取得価額に乗じた金額と 10 万円とのいずれか少ない金額となっています（耐令 5 ②）。

　平成 19 年度税制改正により、2007 年 4 月 1 日以後に取得した減価償却資産については残存価額が廃止されました。

⑥　**償却可能限度額**

　平成 19 年度税制改正前は、償却可能限度額を超えて償却することはできませんでした。平成 19 年度税制改正前の償却可能限度額とは、建物や機械装置などの有形減価償却資産については取得価額の 95％相当額、生物については取得価額から残存価額を差し引いた金額です。

　（ア）　2007 年 4 月 1 日以後に取得した減価償却資産

　　2007 年 4 月 1 日以後に取得した減価償却資産については、償却可能限度額及び残存価額が廃止され、耐用年数経過時に残存簿価 1 円まで償却できるようになりました。

　（イ）　2007 年 3 月 31 日以前に取得した減価償却資産

　　2007 年 3 月 31 日以前に取得した減価償却資産の場合、前事業年度（前年）までの償却費の累積額が、従来の償却可能限度額（有形固定資産については取得価額の 95％相当額）まで到達している減価償却資産について、その到達した事業年度の翌事業年度以後において、5 年の月割均等償却を行い残存簿価 1 円まで償却します。

　　具体的には、次の算式により計算した金額を年償却額として償却を行います。

償却限度額＝〔取得価額－償却可能限度額－ 1 円〕×償却を行う事業年度の月数/60

　　償却可能限度額の残額を月割均等償却することができるのは、あくまで、従来の償却可能限度額に到達した年又は事業年度の翌年又は翌事業年度からであり、償却可能限度額に到達した年又は事業年度において、償却可能限度額の残額の月割均等償却することは認められていません。

(3)　耐用年数

耐用年数とは、減価償却資産の使用可能期間に当たるものです。

①　法定耐用年数

法定耐用年数は、財務省令「減価償却資産の耐用年数等に関する省令」の別表により定められた耐用年数です。減価償却資産の耐用年数は、資産の区分に応じて別表に定められています。

別表第1　「機械及び装置以外の有形減価償却資産の耐用年数表」

別表第2　「機械及び装置の耐用年数表」

別表第3　「無形減価償却資産の耐用年数表」

別表第4　「生物の耐用年数表」

表4．農業に関する主要な減価償却資産の耐用年数

種類	別表	構造又は用途	細目	例示	耐用年数
建物	別表第1	金属造（骨格材の肉厚 4mm超）	倉庫用、車庫用、飼育用	格納庫、豚舎、鶏舎	31
建物付属設備		電気設備（照明設備を含む。）	その他のもの		15
		給排水・衛生設備、ガス設備			15
構築物		農林業用のもの	主として金属造のもの	牛舎、園芸ハウス	14
			主として木造のもの	果樹棚	5
			土管を主としたもの	暗渠	10
			その他のもの		8
		舗装道路及び舗装路面	コンクリート敷		15
			アスファルト敷		10
機械装置	別表第2	農業用設備			7
車両運搬具	別表第1	前掲のもの以外のもの	自動車（小型車）	軽トラック	4
			その他のもの		4
器具備品		事務機器及び通信機器	パソコン		4
		前掲のもの以外のもの	きのこ栽培用ほだ木		3
			その他のもの/主として金属製のもの	パイプハウス	10
			その他のもの/主として金属製のもの		5

別表第四　生物の耐用年数表

種　　類	細　　目	耐用年数	成熟の年齢又は樹齢（注）
牛	繁殖用（家畜改良増殖法に基づく種付証明書、授精証明書、体内受精卵移植証明書又は体外受精卵移植証明書のあるものに限る。）		満２歳
	役肉用牛	6	
	乳用牛	4	
	種付用（家畜改良増殖法に基づく種畜証明書の交付を受けた種おす牛に限る。）	4	
	その他用	6	
馬	繁殖用（家畜改良増殖法に基づく種付証明書又は授精証明書のあるものに限る）	6	満３歳
	種付用（家畜改良増殖法に基づく種畜証明書の交付を受けた種おす馬に限る。）	6	満４歳
	競走用	4	満２歳
	その他用	8	満２歳
豚		3	満２歳
綿羊及びやぎ	種付用	4	満２歳
	その他用	6	満２歳
かんきつ樹	温州みかん	28	満15年
	その他	30	
りんご樹	わい化りんご	20	満10年
	その他	29	
ぶどう樹	温室ぶどう	12	満６年
	その他	15	
なし樹		26	満８年
桃樹		15	満５年
桜桃樹		21	満８年
びわ樹		30	満８年
くり樹		25	満８年
梅樹		25	満７年
かき樹		36	満10年
あんず樹		25	満７年
すもも樹		16	満７年
いちじく樹		11	満５年

種　　類	細　　　　目	耐用年数	成熟の年齢又は樹齢（注）
キウイフルーツ樹		22	－
ブルーベリー樹		25	－
パイナップル		3	－
茶樹		34	満 8 年
オリーブ樹		25	満 8 年
つばき樹		25	－
桑樹	立て通し 根刈り、中刈り、高刈り	18 9	満 7 年 満 3 年
こりやなぎ		10	満 3 年
みつまた		5	満 4 年
こうぞ		9	満 3 年
もう宗竹		20	－
アスパラガス		11	－
ラミー		8	満 3 年
ホップ		9	満 3 年
まおらん		10	－

注. 生物の減価償却は、生物がその成熟の年齢又は樹齢に達した月から行うことができる。牛馬等については、通常事業の用に供する年齢とするが、現に事業の用に供するに至った年齢がその年齢後であるときは、現に事業の用に供するに至った年齢とする。果樹等については、当該果樹等の償却額を含めて通常の場合におおむね収支相償うに至ると認められる樹齢とする。ただし、その判定が困難な場合には、表に掲げる年齢又は樹齢によることができる。

　　　平成 20 年度税制改正によって減価償却制度が改正され、機械装置を中心に実態に即した使用年数を基に資産区分を整理するとともに、法定耐用年数が見直されました。改正前は、農業、畜産農業、又は林業の用に供されている減価償却資産で別表第 7 に掲げるものについては、別表第 1・2 ではなく別表第 7 に定めるところによっていました。改正により、減価償却資産の耐用年数等に関する省令・別表第七「農林業用減価償却資産の耐用年数表」が廃止されたため、農林業用の機具のうち機械装置は、別表第二に追加された「25・農業用設備」に統合され、法定耐用年数はすべて 7 年になりました。この改正は、既存の減価償却資産を含め、2008 年 4 月 1 日以後開始する事業年度について適用されます。適用は、資産の取得日に関係なく、事業年度単位です。

② 中古資産の耐用年数

中古資産を取得して事業の用に供した場合の耐用年数は使用可能期間を見積もりますが、別表第1・2・7に掲げる有形減価償却資産であって見積もることが困難なものは次の算式によります（耐令3①）。

耐用年数※（年未満切捨て）＝（法定耐用年数－経過年数）＋経過年数×20％
年未満切捨て

※その年数が2年に満たないときは2年とする。

ただし、生物の「細目」欄に掲げる用途から他の用途に転用された牛・馬・綿羊・やぎの耐用年数は、上記の算式によらず、その転用の時以後の使用可能期間の年数によります（耐令3②）。

(4) 減価償却の特例

減価償却の特例を受けることで、通常の減価償却費に代えて、または、これに上乗せして、減価償却費を計上することができます。減価償却の特例の適用する場合における取得価額は、その事業者が適用している消費税等の経理処理方式に応じて算定した価額により判定することになります。つまり、事業者が税抜経理方式を適用している場合は、消費税等抜きの価額が取得価額となり、事業者が税込経理方式を適用している場合は、消費税等込みの価額が取得価額となります。

① 少額減価償却資産（30万円未満）の特例など
a） 少額の減価償却資産（10万円未満）の取得価額の必要経費・損金算入

(a) 税制上の取扱い

個人事業者の場合は、取得価額10万円未満の減価償却資産については取得価額相当額を業務の用に供した年分の必要経費に算入します（所令138）。

一方、法人の場合は、取得価額10万円未満の減価償却資産について取得価額相当額を事業の用に供した事業年度において損金経理をした場合、損金の額に算入します（法令133）。このため、法人の場合、取得価額相当額を損金に算入しないで、資産計上のうえ通常の減価償却資産として減価償却することもできます。

(b) 経理のポイント

10万円未満の減価償却資産（農具費）を取得してその事業年度の費用とするときは、次のように仕訳します。

〔取得時〕

借方科目	税	金額	貸方科目	税	金額
農具費	課	90,000	未払金	不	90,000

b）　一括償却資産（20 万円未満）の損金算入

（a）　税制上の取扱い

取得価額 20 万円未満の減価償却資産について、一括償却資産として経理する方法を選定したときは、次の金額に達するまでの金額を必要経費・損金の額に算入します（所令 139、法令 133 の 2）。

　一括償却対象額×事業年度の月数（通常は 12）／36

　ただし、個人事業者の場合、取得価額 10 万円未満の減価償却資産については必要経費に算入されるため、一括償却を選択することはできません。

（b）　経理のポイント

　20万円未満の減価償却資産（器具備品）を取得して一括償却をするときは、次のように仕訳します。

〔取得時〕

借方科目	税	金額	貸方科目	税	金額
一括償却資産	課	180,000	未　払　金	不	180,000

〔償却時〕

借方科目	税	金額	貸方科目	税	金額
減価償却費	不	60,000	一括償却資産	不	60,000

c）　少額減価償却資産（30万円未満）の特例

（a）　税制上の取扱い

　中小企業者に該当する青色申告者が、取得価額 30 万円未満の減価償却資産について、取得価額の全額を事業の用に供した年分・事業年度分の必要経費・損金に算入することができます（措法 28 の 2、措法 67 の 5）。ただし、少額減価償却資産の取得価額の合計額のうち年 300 万円に達するまでの金額が必要経費・損金算入の限度になります。

（b）　経理のポイント

　30万円未満の少額減価償却資産（例では器具備品）を取得して即時償却をするときは、次のように仕訳します。

〔取得時〕

借方科目	税	金額	貸方科目	税	金額
器具　備品	課	270,000	未　払　金	不	270,000

〔償却時　直接法〕

借方科目	税	金額	貸方科目	税	金額
減価償却費	不	270,000	器具　備品	不	270,000

〔償却時　間接法〕

借方科目	税	金額	貸方科目	税	金額
減価償却費	不	270,000	減価償却累計額	不	270,000

表５. 減価償却資産の取得価額と会計処理

取得価額	経費・損金算入		一括償却		即時償却（注）		資産計上	
	個人	法人	個人	法人	個人	法人	個人	法人
10 万円未満	○		×	○	×	△	×	○
10 万円以上 20 万円未満	×		○		○		○	
20 万円以上 30 万円未満	×		×		○		○	
30 万円以上	×		×		×		○	
償却資産申告	不要				必要			

注．中小企業者の少額減価償却資産の取得価額の必要経費算入の特例

② 特別償却・割増償却

　青色申告者については、一定の減価償却資産を取得して農業の用に供した年に取得価額の一定割合の償却費を上乗せする特別償却、通常の償却費の一定割合を上乗せする割増償却が認められています。

a）　中小企業投資促進税制（中小企業者等が機械等を取得した場合等の特別償却）

　青色申告をする中小企業者などが指定期間（注）内に新品の機械装置などを取得し又は製作して農業などの指定事業の用に供した場合に、基準取得価額の30％相当額の特別償却が認められます。

　なお、特別償却に代えて、基準取得価額の７％相当額の税額控除を選択することもできます。ただし、控除を受ける金額は、中小企業投資促進税制、中小企業経営強化税制などの合計でその年分の事業所得の所得税額又は事業年度の法人税額の20％相当額が限度（限度を超える分は１年に限って繰越可）となります。

　注．指定期間とは、1998年６月１日から2025年３月31日までの期間をいう。

b）　中小企業経営強化税制（中小企業者等が特定経営力向上設備等を取得した場合の特別償却）

　青色申告書を提出する中小企業者等で中小企業等経営強化法の経営力向上計画の認定を受けたものが指定期間（注）内に一定の特定経営力向上設備等を取得等して農業などの指定事業の用に供した場合に、即時償却又は７％（特定中小企業者等にあっては10％）の税額控除ができます。ただし、控除を受ける金額は、中小企業投資促進税制、中小企業経営強化税制などの合計でその年分の事業所得の所得税額又は事業年度の法人税額の20％相当額が限度（限度を超える分は１年に限って繰越可）となります。

　なお、中小企業経営強化税制の対象となる中小企業者等は、中小企業等経営強化法の中小企業者等に該当するものに限られます。農事組合法人は中小企業等経営強化法の中小企業者等に該当しないため、中小企業経営強化税制の対象になりません。

　注．指定期間とは、2017年４月１日から2025年３月31日までの期間をいう。

表６．主な特別償却

制度の名称	対象設備	特別償却限度額	特別控除	添付書類
中小企業等投資促進税制（措法10の3、42の6）	新品の１台160万円以上の機械装置など	取得価額×30％	○ 7％	
中小企業経営強化税制（措法10の5の3、42の12の4）	新品の１台160万円以上の機械装置、30万円以上の工具・器具備品、60万円以上の建物附属設備、70万円以上のソフトウェアで、販売開始から一定の期間内で最新モデルかつ旧モデル比で年平均生産性１％以上向上という生産性向上要件を満たすものなど	取得価額全額	○ 7％（特定中小企業者等は10％）	経営力向上計画書・認定書の写し、証明書（工業会等が発行）
みどり投資促進税制（措法11の4、44の4）	取得価額100万円以上の環境負荷低減事業活動用資産 ① 慣行的な生産方式と比較して環境負荷の原因となる生産資材の使用量を減少させる設備等（例：土壌センサ付可変施肥田植機等） ② 環境負荷低減の取組に必要な設備等（例：水田除草機、色彩選別機等）	取得価額×32％（建物・建物附属設備・構築は16％）	―	環境負荷低減事業活動実施計画の写し
中小企業者の少額減価償却資産の取得価額の必要経費・損金算入の特例（措法28の2、67の5）	30万円未満の減価償却資産	取得価額全額（年300万円が限度）	―	

注．商業・サービス業・農林水産業活性化税制は、令和３年度税制改正により廃止された。

③　圧縮記帳

　　圧縮記帳とは、固定資産の取得価額を減額した金額を必要経費・損金に算入することです。圧縮記帳では、一般に、損金経理により直接減額する方法によりますが、剰余金処分によって圧縮積立金を積み立てる方法もあります。

　　圧縮記帳により固定資産を直接減額した場合の金額を処理する勘定が「固定資産圧縮損」です。

　　国庫補助金で固定資産を取得した場合や、農業経営基盤強化準備金を取り崩してまたは直接に経営所得安定対策交付金等をもって農業用固定資産を取得した場合には、その固定資産の帳簿価額を減額して必要経費・損金に算入することができます。ただし、圧縮記帳は課税の免除（免税）ではなく課税の繰り延べに過ぎません。圧縮記帳の結果、固定資産の取得価額が減額されることにより減価償却費も減少するので、圧縮記帳の翌年度以降、課税の取り戻しが行われることになります。

表７．圧縮記帳制度

制度名	条文	対象資産	適用期限	備考
国庫補助金等	法法42 所法42	国庫補助金等をもって取得した交付目的適合資産	恒久	
農業経営基盤強化準備金	措法24の3、61の3	農用地、特定農業用機械等（中古不可）	期限未定	対象交付金による圧縮記帳も可

a） 国庫補助金等で取得した固定資産の圧縮記帳

国・地方公共団体から交付された、固定資産の取得又は改良に充てるための補助金等で取得したものが対象になります。経理方法は、損金経理による方法（直接減額方式または引当金繰入方式（法人の場合））と剰余金処分経理（法人の場合）による方法とがあります。

〔取得時〕

借方科目	税	金額	貸方科目	税	金額
機械装置※	課	4,000,000	未　払　金	不	4,000,000

※固定資産の各勘定科目

〔国庫補助金等受領時〕

借方科目	税	金額	貸方科目	税	金額
普通預金	不	2,000,000	国庫補助金収入	不	2,000,000

〔圧縮記帳〕

（a） 直接減額方式（損金経理）

期末日：

借方科目	税	金額	貸方科目	税	金額
固定資産圧縮損	不	2,000,000	機械装置※	不	2,000,000

※固定資産の各勘定科目

（b） 積立金経理方式（剰余金処分経理）

期末日または決算確定日（総会日）：

借方科目	税	金額	貸方科目	税	金額
繰越利益剰余金	不	2,000,000	圧縮積立金	不	2,000,000

剰余金処分経理方式による場合、法人税申告書別表4において、当期利益に、圧縮積立金の積立額を減算します。

b） 農業経営基盤強化準備金制度の圧縮記帳（農用地等を取得した場合の課税の特例）

農業経営基盤強化準備金の頁を参照。

(5) 決算のチェックポイント

当期の減価償却費の額と前期、前々期の額とを比較し、大幅に減少していないか確認します。個人の場合には、青色申告決算書3ページの「⒠減価償却費の計算」欄を確認し、正しく減価償却費が計上されているかどうかを確認することができます。法人の場合には、償却資産台帳（固定資産台帳）を確認しますが、法人税申告書別表16(1)や別表16(2)でも償却不足額を確認することができます。とくに、法人の場合、控除しきれない繰越欠損金があるときに、あえて償却不足額を生じさせて利益を過大に計上してその分の繰越欠損金を控除することがあります。

償却不足額がある場合には、決算書の利益が本来の成績よりも過大に計上されることになります。その場合、かりに償却限度額まで償却した場合の利益の金額を計算し直す必要があります。また、法人の場合、少額の減価償却資産を損金算入しないで通常の減価償却資産と同様に資産計上した場合、利益が多めに計上されることになります。加えて、国庫補助金を受領しているにもかかわらず圧縮記帳していない場合には、その分の利益が多めに計上されます。

反対に、特別償却や即時償却を選択している場合には、決算書の利益が本来の成績よりも過小に計上されることになります。特別償却について、個人の場合には、青色申告決算書3ページの「ⓔ減価償却費の計算」の「㋭割増（特別）償却費」欄で確認することができます。

ⓔ 減価償却費の計算

減価償却資産の名称等（繰延資産を含む）	面積又は数量	㋑取得(成額)年月	㋺取得価額（償却保証額）	㋩償却の基礎になる金額	償却方法	耐用年数	㋥償却率又は改定償却率	㋭本年中の償却期間	㋬本年分の普通償却費 ㋩×㋥×㋭	㋭割増(特別)償却費	本年分の償却費合計 (㋬+㋭)	㋣事業専用割合	㋠本年分の必要経費算入額 (㋬×㋣)	未償却残高（期末残高）	摘要
木造建物作業場	33	H25·5	1,500,000 ( )	1,500,000	定額	15	0.067	12/12	100,500	—	100,500	100	100,500	528,500	
金属造鶏舎	40	R4·4	1,240,000 ( )	1,240,000	定額	19	0.053	9/12	49,290	—	49,290	100	49,290	1,190,710	
耕うん機	1台	R4·9	450,000 (39,060)	450,000	定率	7	0.286	4/12	42,900	—	42,900	100	42,900	407,100	
甘夏みかん樹	40a	H19·1	520,000	494,000	旧定額	20	0.034	12/12	16,796	—	16,796	100	16,796	251,264	
一括償却資産	—	R4·	180,000	180,000	—	—	1/3	12/12	60,000	—	60,000	100	60,000	120,000	
パソコン他	—	R4·	合計500,000 (即時償却限度額)	—	—	—	—	12/12	—	—	—	—	500,000	—	措法28の2
貯水そう	1	H15·2	800,000	40,000	—	—	—	12/12	8,000	—	8,000	100	8,000	32,000	均等償却
		·						12/12							
		·						12/12							
		·						12/12							
		·						12/12							
計									277,486	—	277,486		㋠777,486	2,529,574	

（注） 平成19年4月1日以後に取得した減価償却資産について定率法を採用する場合にのみ㋺欄のカッコ内に償却保証額を記入します。

出典：国税庁パンフレット「青色申告決算書（農業所得用）の書き方」

特別償却について法人の場合には、法人税申告書別表16(1)「特別償却限度額32」欄や別表16(2)「特別償却限度額36」欄に記載されます。少額減価償却資産の即時償却について個人の場合には、青色申告決算書3ページの「ⓔ減価償却費の計算」の「㋑取得価額」欄の金額と「㋠本年分の必要経費算入額」欄の金額が同額になっているほか、「摘要」欄に「措法28の2」と記載されています。少額減価償却資産の即時償却について法人の場合には別表16(7)「少額減価償却資産の取得価額の損金算入の特例に関する明細書」が添付されています。

5．費用収益の見越し・繰延べ（決算整理③）

　　費用・収益の諸勘定のなかには、現金等の収支は当期に属するものの次期の費用・収益とすべきものが含まれている場合があります。このようなときは決算において次期に費用・収益となる部分を、当期の費用・収益から取り除くことになります。これを「費用・収益の繰延べ」といいます。

　　反対に、当期に現金等の収支がなくても、当期の費用・収益とすべきものもあります。これを決算において当期の費用・収益として計上します。これを「費用・収益の見越し」といいます。

(1)　費用の繰延べ（前払費用）

　　当期中に現金等の支出が行われて費用の諸勘定に記帳されているが、そのうち次期以降に計上すべき部分は、当期の費用から除外します。次期以降の費用となるものは、「前払費用」（資産）として処理します。

〔決算整理〕

借方科目	税	金額	貸方科目	税	金額
前払費用	不	×××	○○○費	－	×××

　　前払費用とは、一定の契約にしたがって継続して役務の提供を受ける場合、いまだ提供されていない役務に対して支払われた対価をいいます。

仕訳例

12/31　決算において10/1に支払った向こう1年分の地代240,000円のうち次期に属する部分を前払費用に振り替えることとする。

〔決算整理〕

借方科目	税	金額	貸方科目	税	金額
前払費用	不	180,000	支払地代	非	180,000

支払地代

（支払高）	（前払高）
240,000	180,000

} 当期費用

前払費用

（前払高）
180,000

↑ 前払費用

　なお、前払費用の額でその支払った日から1年以内に提供を受ける役務に係るものは、税務上、継続適用を要件に、支払った日の必要経費（損金）の額に算入することが認められていますので、実務では短期前払費用を費用処理することがほとんどです。

(2) 収益の繰延べ（前受収益）

　当期中に現金等の収入があって収益の諸勘定に記帳されているが、そのうち次期以降に計上すべき部分は、当期の収益から除外します。次期以降の収益となるものは「前受収益」（負債）として処理します。

　前受収益とは、一定の契約にしたがって継続して役務の提供を行う場合、いまだ提供していない役務に対して支払いを受けた対価をいいます。

〔決算整理〕

借方科目	税	金額	貸方科目	税	金額
○○○益	－	×××	前受収益	不	×××

仕訳例

12/31　決算において10/1に受け取った向こう1年分の地代240,000円のうち次期に属する部分を前受収益に振り替えることとする。

〔決算整理〕

借方科目	税	金額	貸方科目	税	金額
受取地代	非	180,000	前受収益	不	180,000

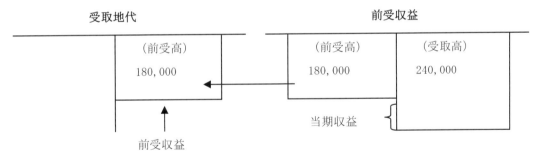

(3) 費用の見越し（未払費用）

　次期に現金等の支出を行うが、そのうち当期の費用として発生している部分は、当期の費用として計上します。当期の費用となるものは、「未払費用」（負債）として処理します。

〔決算整理〕

借方科目	税	金額	貸方科目	税	金額
○○○費	－	×××	未払費用	不	×××

　　未払費用とは、一定の契約にしたがって継続して役務の提供を受ける場合、すでに提供された役務に対していまだその対価の支払いが終わらないものをいいます。

仕訳例

12/31　決算において 10/1 に年利 2 ％で 3,000,000 円借り入れた場合の、決算における処理をすることとする。なお、会計期間は暦年とし、利息は後払いとする。

〔決算整理〕

借方科目	税	金額	貸方科目	税	金額
支払利息	非	15,000	未払費用	不	15,000

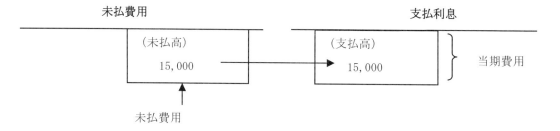

(4)　収益の見越し（未収収益）

　　次期に現金等の収入があるが、そのうち当期の収益として発生している部分は、当期の収益として計上します。当期の収益となるものは、「未収収益」（資産）として処理します。

〔決算整理〕

借方科目	税	金額	貸方科目	税	金額
未収収益	不	×××	○○○益	－	×××

　　未収収益とは、一定の契約にしたがって継続して役務の提供を行う場合、すでに提供した役務に対していまだその対価の支払いを受けていないものをいいます。

仕訳例

12/31　決算において 10/1 に年利 3 ％で 2,000,000 円貸し付けた場合の、決算における処理をすることとする。なお、会計期間は暦年とし、利息は後払いとする。

〔決算整理〕

借方科目	税	金額	貸方科目	税	金額
未収収益	不	15,000	受取利息	非	15,000

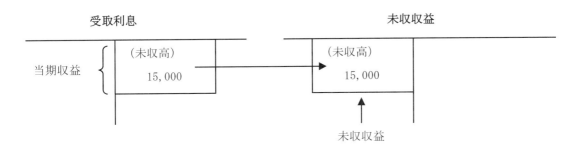

　なお、貸付金などの利子で支払期日が 1 年以内の一定の期間ごとに到来するものは、継続適用を要件に、未収計上しないで支払期日に益金の額に算入することが認められます。

(5)　決算のチェックポイント

　期末の未払費用や買掛金の金額を期首（前期末）の金額と比較し、期末の金額が不自然に減少していないか確認します。

　期末の未払費用や買掛金の金額が不自然に減少しているなど期末の未払費用や買掛金の金額が過小に計上されていると認められる場合には、決算書の利益が本来の成績よりも過大に計上されることになります。その場合、費用の計上漏れや粉飾決算の可能性もありますので、注意が必要です。

　期末の未払費用の金額について、法人の場合には、勘定科目内訳明細書の「買掛金（未払金・未払費用）の内訳書⑨」で確認します。とくに社会保険料などの未払費用は毎期経常的にほぼ同程度の金額が計上されるのが一般的です。前期と当期の勘定科目内訳明細書で大きな変化がないかどうか、確認します。

⑨

買掛金（未払金・未払費用）の内訳書

科　目	相　　　　　手　　　　　先		期　末　現　在　高	摘　　　要
	名　称　（　氏　名　）	所　在　地　（　住　所　）	百万　　　千　　　円	

　これに対して、買掛金については、仕入債務回転日数のような経営指標を用いて商品仕入高や材料費に対する割合について 2 期分を比較する必要があります。

$$\text{仕入債務回転日数} \quad = \quad \frac{\text{仕入債務（支払手形＋買掛金）}}{\text{商品仕入高＋材料費（計）}} \quad \times \quad 365 \text{（日）}$$

　この指標の計算に当たっては、買掛金、未払金、未払費用を正しく分類する必要があります。

① 買掛金　通常取引による営業上の未払金
② 未払金　固定資産の購入等による営業外の未払金
③ 未払費用　継続的役務提供に対する未払金

　このうち、固定資産の購入等による営業外の未払金である「未払金」の残高は、事業年度によって変動が大きくなることもありますが、買掛金、未払費用の残高の水準は安定的になるのが特徴です。

６．経営者等の報酬

（1） 経営者報酬・家族給与

　　　個人事業者と法人とのいちばん大きな違いは、事業主に対する報酬の課税の取扱い です。

① 事業主報酬（個人）

　　　個人事業では、事業所得がそのまま事業主の報酬となるため、事業所得から差し 引かれるのは最大 65 万円（e-Tax による電子申告又は電子帳簿保存の場合）の青色 申告特別控除だけとなります。

② 役員報酬（法人）

　　　役員報酬とは、役員に対する月額報酬などの給料で、賞与や退職給与以外の給与 です。

　　　法人では、法人の代表者に対する役員報酬は、原則として経費として損金算入され る一方、代表者個人において役員報酬は給与所得となります。また、給与所得は給与 収入の全額がそのまま課税されるわけでなく、給与等の収入金額の合計額から給与所 得控除が差し引かれます。

表８．給与所得控除額（2020 年分以降）

収入金額	給与所得控除額
180 万円以下	収入金額 × 40％－10 万円（55 万円未満の場合は 55 万円）
180 万円	62 万円
180 万円超 360 万円以下	収入金額 × 30％ ＋ 8 万円
360 万円	116 万円
360 万円超 660 万円以下	収入金額 × 20％ ＋ 44 万円
660 万円	176 万円
660 万円超 850 万円以下	収入金額 × 10％ ＋ 110 万円
850 万円超（注）	195 万円（上限）

（注）850 万超の居住者で、①特別障害者に該当するもの、②年齢 23 歳未満の扶養親族を有するもの、
　　③特別障害者である同一生計配偶者・扶養親族を有するもの、のいずれかに該当する場合は、給与
　　収入から 850 万円を控除した金額の 10％（最大 15 万円）を給与所得から控除する措置があります
　　（所得金額調整控除）。

　　　給与所得控除の額は、給与等の収入金額の合計額が年 300 万円で 98 万円（32％）、 年 600 万円で 164 万円（27％）、年 850 万円で 195 万円（22％）にもなります。

a） 役員給与の留意点

　　　農業法人の場合、役員報酬について定期同額給与か事前確定届出給与のいずれ

かの要件を満たすようにするのが損金算入するためのポイントです。役員に対して毎月同額の役員報酬とは別に作業時間に応じた労働報酬を給与として上乗せして支払う場合、定期同額給与に該当しないため、損金算入が認められないことになります。

　ただし、農事組合法人の場合、給与制を選択した場合には普通法人となりますが、従事分量配当制を採る場合でも、役員である組合員に対して役員としての役割に役員報酬を支給し、協同組合等として取り扱うことができます。

　なお、退職給与の積立等の目的で法人が支払う生命共済の掛金は現物給与とされることがありますが、毎月の額がおおむね一定であれば定期同額給与として損金算入されます。

b)　役員給与の損金不算入

　法人が役員に対して支給する給与の額のうち①定期同額給与、②事前確定届出給与、③一定の利益連動給与 — のいずれにも該当しないものの額は損金の額に算入されません。

　役員賞与は、定期同額給与に該当しないことから損金の額に算入されませんので、役員は年俸制として、賞与を支給しないこととするのが一般的です。役員報酬のうち、事業年度開始からの一定時期以外において増額改定された場合にはその増額分は定期同額給与に該当しないものとして、損金不算入となるので注意が必要です。

　なお、ここでいう給与からは、①退職給与、②新株予約権によるもの（ストックオプション）、③　①②以外のもので使用人兼務役員に対して支給する使用人としての職務に対するもの、④法人が事実を隠ぺいし又は仮装して経理することによりその役員に対して支給するものは除かれます。

　定期同額給与とは次に揚げる給与です。

(a) その支給時期が 1 か月以下の一定の期間ごとである給与（以下「定期給与」といいます。）でその事業年度の各支給時期における支給額が同額であるもの

(b) 定期給与の額につき、その事業年度開始の日の属する会計期間開始の日から 3 か月を経過する日までに改定がされた場合における次に掲げる定期給与

　ア　その事業年度のその改定前の各支給時期における支給額が同額である定期給与

　イ　その事業年度のその改定以後の各支給時期における支給額が同額である定期給与

(c) その法人の経営状況が著しく悪化したことその他これに類する理由により
された定期給与の額の改定（その定期給与の額を減額した改定に限られま
す。）で、その事業年度のその改定前の各支給時期における支給額とその
改定以後の各支給時期における支給額がそれぞれ同額である定期給与

(d) 継続的に供与される経済的利益のうち、その供与される利益の額が毎月お
おむね一定であるもの

なお、同族会社に該当しない法人が、非常勤役員に対し所定の時期に確定額を
支給する旨の定めに基づいて支給する年俸は、税務署に届出をしなくても、事前
確定届出給与に該当するものとして取り扱われます。ただし、所定の時期に確定
額を支給する旨の定めに基づいて支給することが要件となっていますので、総会
決議などが必要になります。

③ 法人化における税務上のポイント

代表者の役員報酬と法人の利益とのバランスをとることが法人における税務上の
ポイントとなります。役員報酬が少なく所得税に住民税や復興特別所得税を加えて
給与所得控除を考慮した個人の実効税率が法人の実効税率を下回る場合には、役員
報酬を増額改定した方が有利になります。一方、代表者個人の月額報酬が 95 万円（年
収 1,140 万円）程度で課税所得が 900 万円を超える場合（所得税率 33％が適用）に
は、個人の実効税率（住民税と合わせ 43％）が中小法人の年所得金額 800 万円超の
場合の法人の実効税率（2019 年度 33.6％）を上回ることになるため、役員報酬を増
やすよりも法人に内部留保した方が法人と代表者個人の合計での納税額は少なくな
ります。

また、平成 24 年税制改正により、給与所得控除の改正が行われ、給与等の収入金
額が 1,500 万円を超える場合の給与所得控除額について 245 万円の上限が設けられ
ました。さらに、平成 26 年度税制改正により、2016 年分の所得税については給与収
入 1,200 万円を超える場合の給与所得控除額について 230 万円、2017 年分以後の
所得税については給与収入 1,000 万円を超える場合の給与所得控除額について 220
万円が上限とされました。2020 年分以後は、850 万円を越える場合の給与所得控除
額について 195 万円が上限とされ、法人への内部留保がさらに有利になりました。

(2) 家族給与

① 専従者給与（個人）

個人事業においては、青色事業専従者給与を除き、生計を一にする親族に支払う
給料は、必要経費に算入できません。青色事業専従者給与については、「青色事業専
従者給与に関する届出書」に記載した方法に従ってその記載されている金額の範囲

内で青色事業専従者に給与の支払いをした場合に、その労務に従事した期間、労務の性質およびその提供の程度などからみてその労務の対価として相当であると認められる金額を必要経費に算入することができます。

また、青色事業専従者の要件として、原則として他に職業がある人は認められません。ただし、その職業に従事する時間が短いなどの関係で事業にもっぱら従事することが妨げられないと認められる場合にはこの限りでありません（所令165②）。

青色事業専従者に該当し、給与の支払いを受ける人は、控除対象配偶者または扶養親族とはなれません（所法2①33、34）。

② 家族従事者の給与（法人）

法人については、法人の代表者と同一生計の親族が他の職業と兼務している場合であっても、原則として認められます。

ただし、平成10年度税制改正により「過大な使用人給与等の損金不算入」の規定が新設され、給与のうち不相当に高額な部分とされる金額は、損金に算入されないことが明確にされました。不相当に高額な部分とされる金額の判定は過大な役員報酬の判定の場合と同様です。すなわち、給与の額が、その使用人の職務の内容、その法人の収益及び他の使用人に対する給与の支給の状況、同種同規模法人の使用人給与の支給状況等に照らして判定されます。

法人の代表者と同一生計の親族がその法人に勤務する場合でも、その親族の合計所得金額が年48万円以下（給与所得のみの場合は給与収入103万円以下）であれば、代表者の控除対象配偶者（代表者の合計所得金額が1,000万円以下の場合に限る）または扶養親族とすることができます。

(3) 退職給与・退職金の積立て

① 事業主・専従者の退職金・退職金積立て（個人）

事業主に対する退職金については、個人事業では経費となりません。また、家族に対する青色事業専従者給与としては、給料と賞与が認められていますが、退職金は認められません。

退職金の積立制度である小規模企業共済については、個人事業主（共同経営者を含む。）が加入対象となっており、所得控除の対象となっています。ただし、積立額の上限が月額7万円（年額84万円）に制限されています。

② 役員に対する退職給与・退職金積立て（法人）

法人においては代表者や家族従事者に対する役員退職給与は過大でない限り、損金に算入されます。

代表者や家族従事者の個人において役員退職給与は退職所得となりますが、退職所得は勤続年数1年当たり40万円（勤続年数が20年を超える部分は70万円）の退職

所得控除額が収入金額から差し引かれます。そのうえ、退職所得控除額を超える部分についても２分の１課税となっており、きわめて軽い税負担となります。

退職所得の金額＝（収入金額（源泉徴収前の金額）　－　退職所得控除額(注1)）　×　1／2(注2)

(注1)　退職所得控除額＝勤続年数×１年当たり40万円（勤続年数が20年を超える部分は70万円）
　　　　※80万円に満たない場合には、80万円。
(注2)　役員等勤続年数が5年以下の場合は、× 1／2計算の適用はありません。

　退職金の積立制度である小規模企業共済については、会社法人の役員も加入対象となっており、役員個人所得控除（最大年額84万円）の対象となります。法人の場合、小規模企業共済に加えて、生命保険の活用により法人の損金としながら退職金の原資を積み立てることが可能です。たとえば、長期定期生命保険の保険料の全額又は一定額が損金となりますが、その解約返戻金を役員退職金の原資に充てることを想定した保険の設計が可能です。

(4)　出張旅費

　個人事業の場合、事業主の出張旅費は実額で精算するのが原則となりますが、法人の場合、旅費規程を設けて、これにより宿泊費や日当を概算額で支給することができます。なお、給与所得を有する者が、勤務する場所を離れてその職務を遂行するための旅行、いわゆる出張した場合に、出張に必要な支出に充てるため支給される金品で、通常必要であると認められるものについては所得税が課されません（所法９四）。

(5)　決算のチェックポイント

①　個人の農業者

　個人の農業者においては、「青色事業専従者給与に関する（変更）届出書」によって家族従事者に支払う専従者給与の金額を変えることができ、その結果、専従者給与の金額によって事業主の農業所得が大きく変わります。このため、家族労働報酬を含めた所得の水準によって農業の収益性を判断するのも一つの方法です。

　具体的には、青色申告決算書１ページの損益計算書の「差引金額㊱」欄で家族労働報酬を含めた所得を確認することができます。この差引金額は、農業経営基盤強化準備金の繰入額（積立額）や繰戻額（取崩額）を加減する前の金額ですので、税務上の理由で調整される前の、農業所得の本来の成績を表します。

令和 5 年 3 月 2 日　　　損 益 計 算 書（自□ 1 月□ 1 日至 12 月 31 日）

提出用（令和二年分以降用）	収入金額	科　目	金　額（円）
		販 売 金 額 ①	99720000
		家事消費金額 ②	275000
		雑 収 入 ③	27000
		小計（①＋②＋③）④	10274000
		農産物の棚卸高 期首 ⑤	145000
		期末 ⑥	1643000
		計（④−⑤＋⑥）⑦	10293300
	経費	租 税 公 課 ⑧	72150
		種 苗 費 ⑨	84000
		素 畜 費 ⑩	429000
		肥 料 費 ⑪	538000
		飼 料 費 ⑫	375000
		農 具 費 ⑬	286000
		農薬衛生費 ⑭	347500
		諸 材 料 費 ⑮	387000
		修 繕 費 ⑯	125000
		動力光熱費 ⑰	270515

科　目	金　額（円）
作業用衣料費 ⑱	36000
農業共済掛金 ⑲	28000
減価償却費 ⑳	7774486
荷造運賃手数料 ㉑	82000
雇 人 費 ㉒	290000
利 子 割 引 料 ㉓	138000
地 代 ・ 賃 借 料 ㉔	
土 地 改 良 費 ㉕	18000
共販諸掛 ㉖	389027
㉗	
㉘	
雑 費 ㉚	146274
小 計 ㉛	4818952
農産物以外の棚卸高 期首 ㉜	34290
期末 ㉝	306000
経費から差し引く果樹牛馬等の育成費用 ㉞	100000
計（㉛＋㉜−㉝−㉞）㉟	4755852

科　目	金　額（円）
差引金額（⑦−㉟）㊱	5537448
貸倒引当金 ㊲	55000
㊳	
計 ㊵	55000
専従者給与 ㊶	2170000
貸倒引当金 ㊷	66000
㊸	
計 ㊺	2236000
青色申告特別控除前の所得金額（㊱＋㊵−㊺）㊻	3356448
青色申告特別控除額 ㊼	550000
所 得 金 額（㊻−㊼）㊽	2806448

出典：国税庁パンフレット「青色申告決算書（農業所得用）の書き方」

② 農業法人

　　農業法人を含めた中小同族企業においては、代表者の意向によって代表者やその家族の役員報酬の金額を変えることができ、役員報酬の金額によって法人の利益が大きく変わります。このため、代表者の役員報酬を含めた所得の水準によって収益性を判断するのも一つの方法です。代表者の役員報酬は、勘定科目内訳明細書の「役員給与等の内訳書⑭」で確認します。

⑭

役員給与等の内訳書

役 職 名／担当業務	氏 名／住 所	代表者との関係	常勤・非常勤の別	役員給与計	使用人職務分	定期同額給与	事前確定届出給与	業績連動給与	その他	退職給与
			常・非							
			常・非							
			常・非							

　　農業法人を含む中小同族企業においては代表者の役員報酬は利益分配の性格を持つことから、代表者役員報酬を控除する前の金額に修正した経常利益で修正経常利益率

を計算して収益性を判断する方法です。

$$修正売上高経常利益率 \quad = \quad \frac{経常利益＋代表者役員報酬}{売上高} \quad \times \quad 100（\%）$$

7．決算書と申告書の関係

(1)　所得税青色申告決算書

①　青色申告決算書の種類

　　青色申告決算書には、①一般用、②農業所得用、③不動産所得用の 3 種類があり、国税庁で様式を定めています。商・工業や漁業、自由職業など、農業以外の自営業（営業等）については一般用、農業については農業所得用、土地や建物などの貸付けについては不動産所得用を作成します。この場合、農業と不動産貸付けを兼営する場合のように 2 以上の業務を営んでいる場合は、それぞれごとに損益計算書を作成します。ただし、貸借対照表については、それぞれ業務ごとに作成することも、合算した貸借対照表を作成することも、いずれも認められており、一般には合算した貸借対照表が作成されています。

　　農業者が、農産加工や農家民宿など農業以外の事業を行っている場合は、農業所得と農業以外の事業所得（「営業等所得」）に区分して申告します。これは、個人事業税では、農業が非課税（他の事業は課税）とされているためです。

　　耕種の農業を兼営しない肥育牛、養豚等の経営や、耕種農業を兼営せずに自給飼料も栽培していない酪農経営から生ずる所得は、農業所得となりません。この場合には営業等所得となり、農業所得用ではなく一般用の青色申告決算書（収支内訳書）に記載して確定申告をすることになります。この場合、畜産業として 4 ％の税率により個人事業税が課税されることになります。また、肉用牛免税（肉用牛の売却による農業所得の課税の特例）は農業を営む個人に適用されますので、肉用牛の売却による所得が農業所得にならない場合は、肉用牛免税の適用を受けることができません。

②　青色申告決算書（農業所得用）

a）　農業所得とは

　　農業所得とは、農産物の栽培等の事業から生ずる所得をいいます（所令 12）。農業とは、①米、麦その他の穀物、馬鈴しよ、甘しよ、たばこ、野菜、花、種苗その他のほ場作物、果樹、樹園の生産物又は温室その他特殊施設を用いてする園芸作物の栽培を行う事業（＝耕種農業）、②繭又は蚕種の生産を行う事業（＝養蚕農業）、③主として①・②の栽培又は生産をする者が兼営するわら工品その他これに類する物の生産、家畜、家きん、毛皮獣若しくは蜂の育成、肥育、採卵若しくはみつの採取又は酪農品の生産を行う事業（＝耕種農業と兼営する畜産農業）―をいいます。

b） 収入金額の内訳

　　農産物の販売金額、家事消費・事業消費金額を記載します。耕種農業と兼営する畜産農業等から生ずる畜産物その他の販売金額等も合わせて記載します。

③　決算書と所得税申告書との関係

　　確定申告の際に所得税申告書に決算書を添付します。郵送又は持参して確定申告をした際に控用の所得税申告書と青色申告決算書を添付すると、一般に、控用の所得税申告書だけでなく控用の青色申告決算書にも税務署の受付印が押印されて返却されます。このため、税務署の受付印をもって申告の際に提出された青色申告決算書と同一であることが確認できます。

　　所得税申告書の作成の際、青色申告決算書（農業所得用）の収入金額の計⑦欄から所得税申告書の収入金額㋑欄 に、青色申告決算書（収支内訳書）の所得金額㊽欄から所得税申告書の所得金額②欄にそれぞれ転記します。

　　このため、控用の青色申告決算書に税務署の受付印が押印されていない場合であっても、所得税申告書と青色申告決算書との収入金額や所得金額の一致をもって、申告の際に提出された青色申告決算書と同一であることが確認できます。

　　ただし、青色申告決算書（農業所得用）の「㊽のうち、肉用牛について特例の適用を受ける金額」欄に記載がある場合には、所得金額㊽欄からこれを控除した金額を所得税申告書の所得金額②欄に記載します。この場合、収入金額についても特定の肉用牛の売却による収入金額を控除した金額を所得税申告書の収入金額㋑欄に記載することになります。

　　なお、青色申告決算書（農業所得用）の損益計算書の「専従者給与」㊶欄から所得税申告書の「専従者給与（控除）額の合計額」㊿欄 に、「青色申告特別控除額」㊼欄から所得税申告書の「青色申告特別控除額」51 欄に転記します。ただし、不動産所得がある場合には、不動産所得から差し引いた青色申告特別控除額との合計額が所得税申告書に転記されることになります。

(2)　法人の決算書

①　法人の決算書の種類

　　法人の決算書は財務諸表とも呼ばれ、貸借対照表（B/S）、損益計算書（P/L）、株主資本等変動計算書（S/S）が含まれます。さらに、損益計算書の明細書として製造原価報告書（C/R）が作成されます。また、公開企業の場合にはこれらに加えて、キャッシュ・フロー計算書（C/S）が作成されます。個人の場合と異なり、これらの決算書の様式は国税庁では定めておらず、様式は任意となっています。

　　法人税法において「内国法人は、各事業年度終了の日の翌日から二月以内に、税務署長に対し、確定した決算に基づき次に掲げる事項を記載した申告書を提出しな

　ければならない」とされています。このように、日本の法人税は、法人による確定した決算に基づいて課税所得を計算する仕組みとなっており、これを「確定決算主義」と呼んでいます。

② 決算書と法人税申告書との関係

　確定申告の際に法人税申告書に財務諸表（決算書）を添付します。ただし、個人の場合と異なり、税務署の受付印は控用の法人税申告書にのみ押印され、決算書に税務署の受付印は押印されません。

　法人税申告書別表1の「添付書類」欄には、添付書類となる財務諸表の例として、貸借対照表、損益計算書、株主（社員）資本等変動計算書又は損益金処分表が掲げられています。農事組合法人が作成する剰余金処分計算書（剰余金処分案）は、損益金処分表に該当するものです。

　なお、法人税申告書別表1では、添付書類としてこのほか、勘定科目内訳明細書、事業概況書が掲げられていますが、これらについては、国税庁のホームページでの様式が示されています。

　法人税申告書の作成の際、損益計算書の当期利益から法人税申告書・別表4「所得の金額の計算に関する明細書」の「当期利益又は当期欠損の額」1欄に転記します。法人税申告書・別表4では、「当期利益又は当期欠損の額」を基に「所得金額又は欠損金額」を計算します。別表4の「所得金額又は欠損金額」52欄は、別表1の「所得金額又は欠損金額」1欄に転記されます。

　このため、法人税申告書の別表1と別表4の「所得金額又は欠損金額」、さらに別表4の「当期利益又は当期欠損の額」と損益計算書の当期利益との一致をもって、申告の際に提出された決算書と同一であることが確認できます。

第２章　利益や取引への課税

1．個人の所得の種類と課税のしくみ

(1)　所得税における累進課税

　　所得税の特徴の第１点は、累進課税であるという点です。所得税は、個人間の所得格差を調整する目的から、所得の多い人には高い負担を、所得の少ない人には低い負担を求める仕組みになっています。したがって、税率は課税所得金額が大きくなるにつれて段階的に高くなっています。これを超過累進税率といいます。

　　また、所得税は、各種の所得金額を合計し総所得金額を求め、これについて税額を計算して確定申告によりその税金を納める総合課税が原則です。

　　平成11年度税制改正により、「国民の勤労意欲を引き出す観点から」所得税と個人住民税とを合わせた最高税率が65％から国際水準並みの50％へ引き下げられ、所得税率の段階も従来の５段階から４段階に簡素化されました。また、平成19年度税制改正により、2007年から、地方分権を進めるため、国税（所得税）から地方税（住民税）へ税金が移し替えられました（３兆円の税源移譲）。

　　平成25年度税制改正により、格差の是正及び所得再分配機能の回復の観点から、改正前の所得税の税率構造に加えて、課税所得4,000万円超について45％の税率が設けられ、2015年分の所得税から適用されました。

表９．所得税の税率

課税所得金額	2015 年分以降		2007 年分以降		2006 年分まで	
	税率	速算控除額	税率	速算控除額	税率	速算控除額
195 万円以下	5%	0 円	5%	0 円	—	——
330 万円以下	10%	97,500 円	10%	97,500 円	10%	0 円
695 万円以下	20%	427,500 円	20%	427,500 円	—	——
900 万円以下	23%	636,000 円	23%	636,000 円	20%	330,000 円
1,800 万円以下	33%	1,536,000 円	33%	1,536,000 円	30%	1,230,000 円
4,000 万円以下	40%	2,796,000 円	40%	2,796,000 円	37%	2,490,000 万
4,000 万円超	45%	4,796,000 円	同上	同上	同上	同上

注．2013年から2037年まで、所得税と併せて基準所得税額の2.1％の復興特別所得税を申告・納付する。

(2)　所得の区分

　　所得税の特徴の第２点は、所得をその性格によって種類ごとに区分し、それぞれ個別に所得金額を計算する仕組みになっていることです。所得についてはその種類によって、担税力すなわち税金を負担する能力が違ってきます。

表10. 所得の区分

所得の種類			所得金額の計算方法	農業関連の所得の例と消費税の取扱い
非課税所得			所得のうち、政策上又は課税技術上の見地から所得税を課さないこととされているもの	[不]生物など固定資産に対する農業共済金
事業所得	営業等		漁業、製造業、卸売業、小売業、サービス業その他の事業から生ずる所得	[課]**農産加工業、農家民宿、農業の兼営でない畜産・酪農業** 反復継続して行う**繁殖用家畜などの固定資産**[課]の譲渡による所得
	農業		農業から生ずる所得	[課]**農産物の販売、従事分量配当** [不]農業に係る交付金等
不動産所得			不動産、不動産の上に存する権利、船舶又は航空機の貸付けによる所得	[非]農地賃貸料
利子所得			公社債及び預貯金の利子並びに合同運用信託及び公社債投資信託の収益の分配に係る所得	[非]農業用の預金の利子
配当所得			法人から受ける利益の配当、剰余金の分配（出資に対するものに限る。）、基金利息及び公社債投資信託以外の証券投資信託の収益の分配による所得	[不]農協の出資配当、株式会社の剰余金配当
給与所得			俸給、給料、賃金、歳費及び賞与並びにこれらの性質を有する給与による所得	[不]作目別部会等からの賃金、農業委員会の委員報酬
雑所得	公的年金等		公的年金等によるもの	[不]農業者年金
	業務		副業に係る収入のうち営利を目的とした継続的なもの	[不]人格のない社団の収益分配金
	その他		利子所得、配当所得、不動産所得、事業所得、給与所得、退職所得、山林所得、譲渡所得及び一時所得のいずれにも該当しない所得で公的年金等、業務以外のもの	
譲渡所得	短期		資産（土地建物等、株式等を除く。）の譲渡による所得	**農業機械**[課]の譲渡による所得
	長期			
一時所得			利子所得、配当所得、不動産所得、事業所得、給与所得、退職所得、山林所得及び譲渡所得以外の所得のうち、営利を目的とする継続的行為から生じた所得以外の一時の所得で労務その他の役務又は資産の譲渡の対価としての性格を有しないもの	[不]農機具更新共済・建物更生共済の満期共済金、人格のない社団の清算分配金
分離課税	譲渡所得	土地建物	土地建物等の譲渡による所得	**農業施設**[課]・**農用地**[非]の譲渡による所得
		株式等	株式等の譲渡による所得	[非]
	上場株式等の配当		（略）	[非]
	先物取引		差金等決済に係る商品先物取引による事業・雑所得	[非]
山林所得			山林の伐採による所得又は山林の譲渡による所得	[課]
退職所得			退職手当、一時恩給その他の退職によって一時に受ける給与及びこれらの性質を有する給与による所得	[不]

[課]＝課税取引（太字）、[非]＝非課税取引、[不]＝不課税取引

　例えば、事業所得や不動産所得、給与所得といった経常的な所得と、退職所得や譲渡所得、山林所得、一時所得といった臨時的な所得は、性格が異なります。しかし、総合課税によって単純にこれらの所得を合算して税額を求めると、臨時的な所得が発生した年には臨時的な所得に対して超過累進税率によって通常よりも高い税率が適用されて課税されることになります。これでは課税の公平性を欠くことになりますので、所得の種類ごとの担税力に応じて個別の計算方法により計算します。

　なお、固定資産の譲渡による所得は、一般的には臨時的な所得として譲渡所得となりますが、繁殖用や種付用の豚などのように、事業の用に供された後において反復継続して譲渡することがその事業の性質上通常であるような固定資産の譲渡による所得は、譲渡所得ではなく、事業所得に該当します。

表11. 所得金額と税額の計算方法

所得の種類		所得金額の計算方法	税額の計算方法
事業所得	営業等	収入金額－必要経費 　－［青色申告特別控除・最大65万円］	全額を合算して総合課税（累進税率で計算、以下同じ）。 ただし、利子所得は、国外の銀行等に預けた預金の利子などを除き、源泉分離課税。配当所得は、少額配当について確定申告をしないで20.42％の税率による源泉徴収だけで済ませることもでき、確定申告に含めた場合は、配当控除を適用のうえ、源泉徴収税額は差引所得税額から控除する。
	農業	同上	
不動産所得		収入金額－必要経費 　－［青色申告特別控除・最大65万円］	
利子所得		収入金額	
配当所得		収入金額－元本取得のための負債利子	
給与所得		収入金額－給与所得控除額	
雑所得	公的年金等	収入金額－公的年金等控除額	
	業務	収入金額－必要経費	
	その他	収入金額－必要経費	
譲渡所得	短期	収入金額－｛取得費＋譲渡費用｝ 　－特別控除額・最大50万円	全額を合算して総合課税
	長期		1/2相当額を合算して総合課税
一時所得		収入金額－収入を得るための支出額 　－特別控除額・最大50万円	1/2相当額を合算して総合課税
分離課税	譲渡所得　土地建物	収入金額－｛取得費＋譲渡費用｝ 　－［特別控除額（居住用財産などの場合）］	長期：所得金額×15.315％（住5％） 短期：所得金額×30.63％（住9％）
	株式等	収入金額－（取得費＋譲渡費用＋借入金利子等）	所得金額×15.315％（住5％）
	上場株式等の配当	収入金額－元本取得のための負債利子	所得金額×15.315％（住5％）
	※　先物取引	商品先物取引による総収入金額－委託手数料等	所得金額×15.315％（住5％）
山林所得		収入金額－必要経費 　－特別控除額・最大50万円 　－［青色申告特別控除・最大10万円］	他の所得と損益通算を行った後に五分五乗法により分離課税
退職所得		｛収入金額－退職所得控除額｝×1/2	他の所得と損益通算を行った後に分離課税

※事業所得、譲渡所得又は雑所得
注．太枠は臨時所得のグループに属する所得、細枠は経常所得のグループに属する所得である。また、二重線より上が総合課税、下が分離課税となる。

《所得税の課税標準》

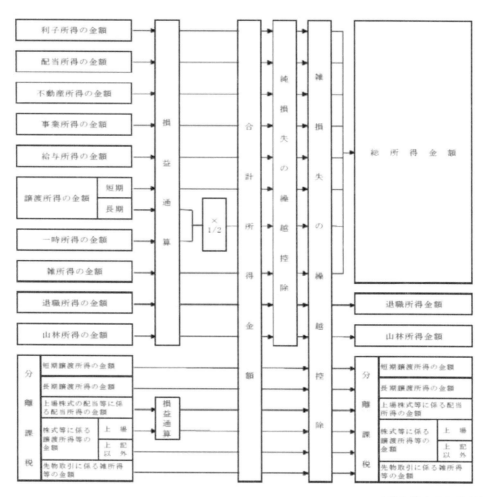

(税大講本より抜粋)

　所得は大きく分けて10種類の所得に区分されますが、実際には、申告分離課税になるものを含め、さらに細かく分類することができます。

　具体的には、譲渡所得や一時所得などの臨時的な所得については、50万円の特別控除額を差し引いたり、所得を2分の1にしたりしてから合計して「合計所得金額」を求めます。「合計所得金額」とはその年の所得の合計（所得控除前）をいい、「総所得金額」とは損益通算や純損失等の繰越控除後の総合課税の対象となる所得（所得控除前）をいいます。また、所得税の計算においては、一定の所得については他の所得金額と合計せず、分離して税額を計算し、確定申告によりその税額を納めることとなります。これが申告分離課税です。

(3)　損益通算と所得控除

①　各種所得の金額の合計

損益通算や、純損失又は雑損失の繰越控除を行って課税標準を算出します。

a）　損益通算（所法69）

損益通算とは、黒字の所得と赤字の所得を通算する手続きです。損益通算できる損失は、「不動産所得（土地等の取得に係る借入金利子部分を除く）」「事業所得」「山林所得」「譲渡所得（土地建物等の譲渡による損失等一定のものを除く）」の損失に限られています。農業所得（事業所得）の損失は、他の所得と損益通算をすることができます。

b）　純損失又は雑損失の繰越控除（所法70、71）

損益通算後にもなお残った損失の額を「純損失の金額」といいます。また、雑損控除（所得控除の項参照）をすることによって赤字となってしまった場合の控除しきれなかった損失の金額（控除不足額）を「雑損失の金額」といいます。純損失の金額及び雑損失の金額は、それぞれ以下の要件を満たす場合に翌年以後3年間に繰り越すことができます。

(a)　純損失の金額の繰越控除・・・純損失の生じた年分の青色申告書を期限内に提出し、その後において連続して確定申告書を提出していること。

(b)　雑損失の金額の繰越控除・・・雑損控除により赤字となった年分の確定申告書を提出期限内に提出し、その後において連続して確定申告書を提出していること。

c）　純損失の繰戻し（所法141）

前年に青色申告書を提出し納税していた場合で、当年に純損失の額があるときは、その全部又は一部を前年の所得金額から控除して税額を計算し直し、その差額について還付請求することができます。還付を受けるためには、確定申告期限までに青色申告書を提出すると同時に「純損失の金額の繰戻しによる所得税の還付請求書」を提出する必要があります。なお、繰戻しの計算に算入しなかった当年の純損失の額は、翌年以後に繰り越すことができます。

②　所得控除

所得税では、個人の事情を加味するために所得控除の制度を設けています。具体的には、以下の所得控除があり、各種所得の金額の合計額から控除されます。

表 12. 所得控除（人的控除を除く）の種類と金額

	内容	金額の計算
雑損控除	本人又は本人と生計を一にする親族で一定の範囲内のものの有する資産について、災害・盗難・横領による損失を生じた場合	次のうちいずれか多い方の金額 ①（損害金額－保険金等）－（合計所得金額－損失の繰越控除額）×10% ②（災害関連支出の金額－保険金等）－5万円
医療費控除	本人又は本人と生計を一にする親族の医療費を支払った場合	（支払医療費－保険金等補填金額） －（合計所得金額－損失の繰越控除額）×5% （最高 10 万円）
社会保険料控除	本人又は本人と生計を一にする親族が負担することになっている社会保険料を支払った場合又は給与等から差し引かれる場合	支払った金額又は差し引かれる金額の全額
小規模企業共済等掛金控除	小規模企業共済掛金、企業型確定拠出年金及び個人型確定拠出年金（iDeCo）の加入者掛金、心身障害者扶養共済掛金を支払った場合	支払った金額の全額
生命保険料控除	本人又は親族を受取人とする生命保険契約等・個人年金保険契約等の保険料・掛金を支払った場合	一般の保険料の計に応じた控除額＋個人年金保険料の計に応じた控除額＋介護医療保険料の計に応じた控除額⇒最高 12 万円
地震保険料控除	本人又は本人と生計を一にする親族が所有している家屋・家財を保険・共済の目的とし、地震等損害により保険金・共済金が支払われる損害保険契約等の保険料・掛金を支払った場合	地震保険料＋旧長期損害保険料（1万円超：旧長期損害保険料×1/2＋5,000 円・最高 15,000円）⇒最高 5 万円
寄附金控除	本人が特定寄附金を支出した場合	その年中に支出した特定寄附金の額の合計額（合計所得金額×40%が限度）－2,000 円

表 13. 所得控除（人的控除）の種類の金額

控除の種類				控除額	備考
寡婦控除（ひとり親控除に該当しないものに限る）（注1）				27 万円	該当なしか一つ
ひとり親控除				35 万円	
勤労学生控除				27 万円	
障害者控除	一般の障害者			27 万円	該当なしか一つ
	特別障害者			40 万円	
	同居特別障害者			75 万円	
配偶者控除（注2）	一般の控除対象配偶者			13 万円～38 万円	該当なしか一つ
	老人控除対象配偶者			16 万円～48 万円	
扶養控除	一般の控除対象扶養親族			38 万円	扶養親族の人数分
	特定扶養親族			63 万円	
	老人扶養親族	同居老親等以外の者		48 万円	
		同居老親等		58 万円	
基礎控除				0 円～48 万円	必ず該当

注.

1）令和2年度税制改正により、2020 年分以後について寡婦(夫)控除が見直され、ひとり親控除が創設された。

2）平成29年度税制改正により、2018 年分以後について配偶者控除及び配偶者特別控除が見直された。

表14. 配偶者控除額の金額

控除を受ける納税者本人の 合計所得金額	控除額	
	一般の控除対象配偶者	老人控除対象配偶者
900万円以下	38万円	48万円
900万円超950万円以下	26万円	32万円
950万円超1,000万円以下	13万円	16万円

注．配偶者控除について、2018年から納税者本人の合計所得金額に応じた控除額となり、合計所得金額が
1,000万円を超える場合は、配偶者控除が適用されない。

表15. 配偶者特別控除額の金額

		控除を受ける納税者本人の合計所得金額		
		900万円以下	900万円超 950万円以下	950万円超 1,000万円以下
配偶者の合計所得金額	48万円超　95万円以下	38万円	26万円	13万円
	95万円超　100万円以下	36万円	24万円	12万円
	100万円超　105万円以下	31万円	21万円	11万円
	105万円超　110万円以下	26万円	18万円	9万円
	110万円超　115万円以下	21万円	14万円	7万円
	115万円超　120万円以下	16万円	11万円	6万円
	120万円超　125万円以下	11万円	8万円	4万円
	125万円超　130万円以下	6万円	4万円	2万円
	130万円超　133万円以下	3万円	2万円	1万円

注．配偶者特別控除のうち控除対象配偶者に該当する場合に配偶者控除に上乗せして適用される部分が
2004年から廃止された。また、配偶者特別控除について、2018年から対象となる配偶者の合計所得金額
を38万円超123万円以下（改正前：38万円超76万円未満）とし、配偶者及び納税者本人の合計所得
金額に応じた控除額となり、2020年からは人的控除の見直しに伴い、対象となる配偶者の合計所得金額
を48万円超133万円以下とした。

表16. 基礎控除の金額

個人の合計所得金額	控除額
2,400万円以下	48万円
2,400万円超2,450万円以下	32万円
2,450万円超2,500万円以下	16万円
2,500万円超	0円

人的控除の適用要件

所　得　控　除	留　　　意　　　点
老　年　者	2005 年分から廃止
寡　　　婦	所得者本人が次に掲げる人で、ひとり親に該当しない人をいいます。 ①　夫と離婚してから婚姻をしていない人のうち、次の要件を満たす人。 　(1)　扶養親族を有すること 　(2)　純損失等の繰越控除を適用しないで計算した合計所得金額が 500 万以下 　(3)　住民票の続柄に事実婚（夫(未届)や妻(未届)）の記載がないこと ②　夫と死別してから婚姻をしていない人や夫の生死が不明である人で、上記① 　　(2)及び(3)の要件を満たす人。
ひとり親	所得者本人が現に婚姻をしていない人又はその配偶者の生死が不明である人で、次の要件を満たす人をいいます。 ①　生計を一にする子があること ②　純損失等の繰越控除を適用しないで計算した合計所得金額が 500 万以下 ③　住民票の続柄に事実婚（夫(未届)や妻(未届)）の記載がないこと
特別の寡婦	2020 年分から廃止
寡　　　夫	2020 年分から廃止
勤　労　学　生	所得者本人が、次の①、②及び③のいずれにも該当する人をいいます。 ①　大学の学生等であること ②　合計所得金額が 75 万円（2020 年分以降、改正前は 65 万円）以下であること。 ③　合計所得金額のうち給与所得等以外の所得金額が 10 万円以下であること。
障害者 （特別障害者）	所得者本人やその控除対象配偶者、扶養親族で、次のいずれかに該当する人をいいます。 ①　精神上の障害により事理を弁識する能力を欠く常況にある人－これに該当する人は、すべて特別障害者になります。 ②　児童相談所、知的障害者更生相談所、精神保健福祉センター又は精神保健指定医から知的障害者と判定された人－このうち、重度の知的障害者と判定された人は、特別障害者になります。 ③　精神保健及び精神障害者福祉に関する法律の規定により精神障害者保健福祉手帳の交付を受けている人－このうち、障害等級が 1 級である者と記載されている人は、特別障害者になります。 ④　身体障害者福祉法の規定により交付を受けた身体障害者手帳に、身体上の障害がある者として記載されている人－このうち、障害の程度が 1 級又は 2 級である者として記載されている人は、特別障害者になります。 ⑤　戦傷病者特別援護法の規定により戦傷病者手帳の交付を受けている人－このうち障害の程度が恩給法別表第 1 号表ノ 2 の特別項症から第三項症までである者として記載されている人は、特別障害者になります。 ⑥　原子爆弾被爆者に対する援護に関する法律の規定による厚生労働大臣の認定を受けている人－これに該当する人は、すべて特別障害者になります。 ⑦　常に就床を要し、複雑な介護を要する人－これに該当する人は、すべて特別障害者になります。 ⑧　精神又は身体に障害のある年齢 65 歳以上で、その障害の程度が上記の①、②又は④に該当する人と同程度であることの町村長や福祉事務所長の認定を受けている人－このうち、上記の①、②又は④に掲げた特別障害者と同程度の障害のある人として町村長や福祉事務所長の認定を受けている人は、特別障害者になります。
控除対象配偶者・ 扶養親族	所得者と生計を一にする配偶者又は配偶者以外の親族（青色事業専従者として給与の支払を受ける人及び白色事業専従者を除きます。）で、合計所得金額が 48 万円（2020 年分以降、改正前は 38 万円）以下の人をいいます。
控除対象扶養親族	扶養親族のうち年齢 16 歳以上の人（居住者の場合）をいいます。また、一定の非居住者についても控除対象扶養親族に含まれます。
特定扶養親族	控除対象扶養親族のうち、年齢 19 歳以上 23 歳未満の人をいいます。
老人控除対象 　　配偶者・老人扶	控除対象配偶者又は控除対象扶養親族のうち、年齢 70 歳以上の人をいいます。

養親族	
同居老親等	老人扶養親族のうち、所得者又はその配偶者（以下「所得者等」といいます。）の直系尊属（父母や祖父母などをいいます。）で所得者等のいずれかとの同居を常況としている人をいいます。
同居特別障害者	控除対象配偶者又は扶養親族のうち、特別障害者に該当する人で所得者、所得者の配偶者又は所得者と生計を一にするその他の親族のいずれかとの同居を常況としている人をいいます。

（4）　分離課税の税額の計算

①　土地建物等の譲渡所得

　　土地や建物の譲渡による所得は、分離して課税する分離課税制度が採用されており、所有期間によって異なる税率が適用されます。譲渡した年の 1 月 1 日現在で所有期間が 5 年を超える土地建物の譲渡による所得は長期譲渡所得、譲渡した年の 1 月 1 日現在で所有期間が 5 年以下の土地建物の譲渡による所得は短期譲渡所得となります。

　　総所得金額から引ききれない所得控除額がある場合には、分離課税の所得から一定の順で所得控除額を差し引き、差し引いた後の金額にそれぞれの税率を乗じて税額を計算します。

　長期譲渡所得：　税額＝課税長期譲渡所得金額×（所得税 15％※＋住民税 5％）

　短期譲渡所得：　税額＝課税短期譲渡所得金額×（所得税 30％※＋住民税 9％）

※復興特別所得税（基準所得税額の 2.1％）込みの税率は、長期 15.315％、短期 30.63％。

a）　課税譲渡所得金額

　　課税長期譲渡所得金額、課税短期譲渡所得金額は、いずれも次のように計算します。

　　　　譲渡所得金額　＝　収入金額　－（取得費＋譲渡費用）－　特別控除額

b）　特別控除

　　農地等の譲渡による所得については、次の特別控除があります。

(a)　特定土地区画整理事業などのために土地を売った場合の 2,000 万円の特別控除（措法 34、65 の 3）

　　農用地利用規程の特例に係る事項が定められた農用地利用規程に基づいて行われる農用地利用改善事業の実施区域内にある農用地が当該農用地の所有者の申出に基づき農地中間管理機構に買い取られるときは、個人の譲渡所得または法人の各事業年度の所得の金額の計算上、2,000 万円の特別控除額を控除できます。

(b)　特定住宅地造成事業などのために土地を売った場合の 1,500 万円の特別控除（措法 34 の 2、65 の 4）

　　農用地区域（農用地等として利用すべき土地の区域）内の農用地が、農業経営基盤強化促進法の協議に基づいて農地中間管理機構に買い取られる場合で一定の要件を満たすときは、譲渡所得の金額から 1,500 万円を控除できます。

(c) 農地保有の合理化などのために土地を売った場合の 800 万円の特別控除（措法 34 の 3、65 の 5、措令 22 の 9、39 の 6）

　　農地保有の合理化等のために農用地区域内の土地等を譲渡した場合で一定の要件を満たすときは、譲渡所得の金額から 800 万円を控除できます。

　　「農地保有の合理化等のために土地等を譲渡した場合」とは次のとおりです。

① 市町村長の勧告に係る協議、都道府県知事による調停又は農業委員会のあっせんによって土地を譲渡した場合

② 農地中間管理機構に譲渡した場合

③ 農用地利用集積計画により譲渡した場合

　　特別控除には、この他、土地収用法等によって収用交換等された場合の 5,000 万円特別控除、居住用財産を譲渡した場合の 3,000 万円特別控除などがあります。

(5)　所得税の計算の流れ

摘　　　　要	金　額	計　算　過　程
I　各種所得の金額の計算		
利子所得		
配当所得		
不動産所得		
事業所得		
給与所得		
退職所得		
山林所得		
譲渡所得		（分離短期、分離長期、総合短期、総合長期、一般株式分離、上場株式分離）
一時所得		
雑所得		
II　課税標準の計算		
総所得金額	A	（利）＋配＋不＋事＋給＋総短＋雑＋（総長＋一時）×1/2　＝ A
上場株式等の係る配当所得等の金額	B	
短期譲渡所得の金額	C	
長期譲渡所得の金額	D	
一般株式等に係る譲渡所得等の金額	E	
上場株式等に係る譲渡所得等の金額	F	
先物取引に係る雑所得等の金額	G	
山林所得金額	H	
退職所得金額	I	
合　　　計	×××	

Ⅲ　所得控除額の計算		
雑損控除		
医療費控除		
社会保険料控除		
小規模企業共済等掛金控除		
生命保険料控除		
地震保険料控除		
寄付金控除		
寡婦控除		
ひとり親控除		
勤労学生控除		
障害者控除		
配偶者控除		
配偶者特別控除		
扶養控除		
基礎控除		
合　　　　計	J	

Ⅳ　課税所得金額の計算		
課税総所得金額	A－J＝×××　　　　　　　　　（千円未満切捨）	
上場株式等に係る課税配当所得等の金額	B　　　　　　　　　　　（　〃　）	
課税短期譲渡所得金額	C　　　　　　　　　　　（　〃　）	
課税長期譲渡所得金額	D　　　　　　　　　　　（　〃　）	
一般株式等に係る課税譲渡所得等の金額	E　　　　　　　　　　　（　〃　）	
上場株式等に係る課税譲渡所得等の金額	F　　　　　　　　　　　（　〃　）	
先物取引に係る課税雑所得等の金額	G　　　　　　　　　　　（　〃　）	
課税山林所得金額	H　　　　　　　　　　　（　〃　）	
課税退職所得金額	I　　　　　　　　　　　（　〃　）	
Ⅴ　納付税額の計算		
算出税額	①	速算表を用いて計算
配当控除	②	配当×10％（課税総所得金額1,000万円超の場合は5％）
住宅借入金等特別税額控除	③	
差引所得税額	④	①－②－③＝④
災害減免額	⑤	
復興特別所得税額	⑥	（④－⑤）×2.1％＝⑥
外国税額控除	⑦	
源泉徴収税額	⑧	
所得税及び復興特別所得税の申告納税額	⑨	④－⑤＋⑥－⑦－⑧＝⑨　　　　（百円未満切捨）
予定納税額	⑩	第１期分＋第２期分
納付税額	⑪	⑨－⑩＝⑪

２．所得と個人課税

（1）　所得税

　　所得税とは、個人の所得に対して課税される国税です。所得税は、納税者自ら納税すべき額を計算して申告納付する申告納税方式を採っています。

　　一方、個人の住民税や事業税は賦課課税方式を採っており、住民税や事業税の税額は、所得税申告書に記載された所得の金額その他の事項を基に、都道府県や市区町村が税額を計算してそれぞれ納税者に通知することになっています。

　　そこで、所得税の確定申告書では、事業税の計算のために事業税が非課税となる農業所得と課税となる営業等所得に区分して決算書を作成したり、所得税申告書第二表の「○　住民税・事業税に関する事項」に該当事項を書いたりする必要があります。なお、所得税の確定申告書を提出した人は、住民税や事業税の申告をしたものとみなされます。

　　なお、個人の所得に対して課税されるものには、国税である所得税のほか、地方税である住民税と事業税があります。

（2）　個人住民税

　　住民税とは、道府県民税（都民税を含む）と市町村民税（特別区民税を含む）の総称です。所得税は、納税者自ら納税すべき額を計算して申告納付する申告納税方式ですが、個人の住民税は賦課課税方式を採っています。賦課課税方式とは、課税権者である市（区）町村長が所得税の申告などを基に税額を計算して決定し、それを納税者に通知する仕組みになっています。

　　住民税の計算は、均等割と所得割の２つの計算基礎から成り立っています。また、所得税はその年の所得について課税する現年所得課税をとっているのに対して、住民税の所得割は、退職所得を除き前年の所得について課税する前年所得課税となっています。道府県民税の課税は、市（区）町村が、市町村民税と併せて行うこととなっています。

表 17. 住民税の標準税率

課税所得金額	2007 年分以降				2006 年分まで			
	道府県民税		市町村民税		道府県民税		市町村民税	
	税率	速算控除額	税率	速算控除額	税率	速算控除額	税率	速算控除額
200 万円以下	4 %	——	6 %	——	2 %	——	3 %	——
700 万円以下					2 %	——	8 %	10 万円
700 万円超					3 %	7 万円	10%	24 万円

注．税率は、標準税率である。ただし、平成29年度税制改正（県費負担教職員制度の見直しに伴う税源移譲）により、2018年分以降、指定都市に住所を有する場合は、道府県民税２％、市民税８％である。

(3) 個人事業税

　個人の事業税は、個人の行う物品販売業、製造業、水産業、不動産貸付業など一定の事業に対し、その個人の事業所等所在地の都道府県が課税する税金です。所得税では、事業を営む限りその事業所得などについて業種を問わず課税されますが、個人の事業税にあっては、具体的に列挙された第１種事業、第２種事業、第３種事業に該当する事業が課税されます。個人の事業税は、個人の住民税と同様、賦課課税方式がとられています。また、個人の事業税は、前年における事業の所得を課税標準として課税されています。

　ただし、農業については、第１種から第３種事業のいずれにも該当しないので個人事業税の課税対象とならず（非課税）、畜産業についても農業に付随して行うものや主として自家労力を用いて行うものは課税対象となりません。林業についても同様です。

表18．個人事業税の課税事業と税率

区分	税率	事業の種類			
第１種事業 （37業種）	5％	物品販売業	運送取扱業	料理店業	遊覧所業
		保険業	船舶ていけい場業	飲食店業	商品取引業
		金銭貸付業	倉庫業	周旋業	不動産売買業
		物品貸付業	駐車場業	代理業	広告業
		不動産貸付業	請負業	仲立業	興信所業
		製造業	印刷業	問屋業	案内業
		電気供給業	出版業	両替業	冠婚葬祭業
		土石採取業	写真業	公衆浴場業 （むし風呂等）	－
		電気通信事業	席貸業	演劇興行業	－
		運送業	旅館業	遊技場業	－
第２種事業（3業種）	4％	畜産業	水産業	薪炭製造業	－
第３種事業 （30業種）	5％	医業	公証人業	設計監督者業	公衆浴場業 （銭湯）
		歯科医業	弁理士業	不動産鑑定業	歯科衛生士業
		薬剤師業	税理士業	デザイン業	歯科技工士業
		獣医業	公認会計士業	諸芸師匠業	測量士業
		弁護士業	計理士業	理容業	土地家屋調査士業
		司法書士業	社会保険労務士業	美容業	海事代理士業
		行政書士業	コンサルタント業	クリーニング業	印刷製版業
	3％	あんま・マッサージ又は指圧・はり・きゅう・柔道整復　その他医業に類する事業			装蹄師業

(4) 国民健康保険税

　市町村税として国民健康保険税が国民健康保険の被保険者である世帯主に課される場合があります。

　この国民健康保険税についても所得割が計算基礎の１つとなっています。

3．法人の利益と課税所得

(1) 各事業年度の所得の金額とは

　　法人税では、各事業年度の所得について、①各事業年度の所得に対する法人税が課税されます。ただし、連結納税の承認を受けた法人（連結親法人）に対しては、各連結事業年度の連結所得について、②各連結事業年度の連結所得に対する法人税が課税されます。また、退職年金業務等を行う内国法人に対しては、各事業年度の所得に対する法人税又は各連結事業年度の連結所得に対する法人税のほか、各事業年度の退職年金等積立金について、③退職年金等積立金に対する法人税が課税されます。なお、かつては「清算所得に対する法人税」が法人を清算する場合に課税されていましたが、平成22年度税制改正により、2010年10月1日以降の解散から、法人税の清算所得課税が廃止され、清算期間中にも通常の法人税が課されることとなりました。

　　このうち、農業法人に関係があるのは①の「各事業年度の所得に対する法人税」になります。各事業年度の所得に対する法人税の課税標準は、「各事業年度の所得の金額」で（法法21）、次の式で表されます（法法22）。

　　各事業年度の所得の金額　＝　その事業年度の益金の額　−　その事業年度の損金の額

　　益金の額は、原則として、①資産の販売、②有償による資産の譲渡、③有償による役務の提供──のほか、④無償による資産の譲渡、⑤無償による役務の提供、⑥無償による資産の譲受 ─ も対象となり、⑦資本等取引以外のものに係る収益の額も含まれます。

　　一方、損金の額は、①収益に係る売上原価、②販売費・一般管理費その他の費用（償却費以外の費用については債務確定が条件。）③損失の額で資本等取引以外の取引に係るもの ─ をいいます。

　　なお、資本等取引とは、①法人の資本の額又は出資金額の増加・減少を生ずる取引、②法人の資本積立金の増加・減少を生ずる取引、③法人が行う利益又は剰余金の分配 ─ をいいます。農事組合法人が新たに出資者となるものから徴収した加入金の額は、農事組合法人が協同組合等であっても普通法人であっても資本金等の額となります。

(2) 所得金額の計算

　　法人税申告の実際上は、次の式のように、企業会計上の決算利益を出発点として、法人税法上の調整を加えることによって所得の金額を算出します。

当期純利益(税引後)＋加算(損金不算入額＋益金算入額)－減算（損金算入額＋益金不算入額）＝税法上の課税所得金額

表19．税法上の所得金額と決算利益の関係

区分	内容	具体的な項目
益金不算入	決算利益では、収益とされているが、税法上、益金の額に算入されないもの	○受取配当等の益金不算入 ○還付法人税等の益金不算入
益金算入	決算利益では、収益とされていないが、税法上、益金の額に算入されるもの	○農業経営基盤強化準備金取崩額の益金算入
損金不算入	決算利益では、費用とされているが、税法上、損金の額に算入されないもの	○法人税額等の損金不算入 ○減価償却超過額の損金不算入 ○役員給与の損金不算入 ○交際費等の損金不算入 ○寄附金の損金不算入
損金算入	決算利益では、費用とされていないが、税法上、損金の額に算入されるもの	○農業経営基盤強化準備金積立額の損金算入 ○肉用牛売却所得の特別控除額の損金算入 ○従事分量配当の損金算入 ○繰越欠損金の損金算入

①　受取配当等の益金不算入

a）　受取配当等とは

　　株式や出資金などに対して受け取る配当金です。生命・損害保険契約の契約者配当金は、受取配当金ではく、保険料を処理する勘定科目（福利厚生費、支払保険料、共済掛金）から控除します。

　　法人税法上、受取配当金は、一部、益金不算入になります。ＪＡの出資配当金も受取配当等の益金不算入の対象となり、2015年4月1日以後に開始する事業年度はＪＡからの受取配当があれば益金不算入額が課税所得から必ず減算されることになります。これは、平成27年度税制改正により、保有割合が3分の1以下の株式について負債利子の控除計算の対象から除外されたためで、平成27年度税制改正前は、有利子負債が多い場合には受取配当金から負債利子を控除した結果、益金不算入額が生じないことがありました。

　　なお、上場株式等の配当以外の配当からは20.42％の源泉所得税（復興特別所得税込み、住民税はなし）が控除されていますが、受取利息の場合と同様、受取配当金から控除される源泉所得税は、法人税の計算上、控除することができます。

b）　法人税の留意事項

　　法人が配当等の額を受ける場合には、法人が保有する次に掲げる株式等に係る配当等の区分に応じ、それぞれ次に掲げる金額は益金の額に算入しないこととさ

れています。この場合の配当等の額とは、剰余金の配当若しくは利益の配当、剰余金の分配の額及び特定株式投資信託（外国株価指数連動型特定株式投資信託を除きます）の収益の分配の額などをいいます。

(a)　完全子法人株式等（株式等保有割合 100%）に係る配当等

　　その配当等の額の全額

(b)　関連法人株式等　（株式等保有割合 3 分の 1 超）に係る配当等

　　その配当等の額から負債の利子の額のうち関係法人株式等に係る部分の金額を控除した残額

(c)　その他の株式等　（株式等保有割合 5 ％超 3 分の 1 以下）に係る配当等

　　その配当等の額の 50%相当額

(d)　非支配目的株式等　（株式等保有割合 5 ％以下）に係る配当等

　　その配当等の額の 20%相当額

```
（算式）受取配当等の益金不算入額
 ＝　完全子法人株式等の配当　＋　（関連法人株式等の配当－負債利子）
　　＋　その他の株式等の配当×50%　＋　非支配目的株式等の配当×20%
```

　　平成 27 年度税制改正により、受取配当等の益金不算入制度について見直しが行われ、法人が保有する株式等の区分及び益金不算入割合が改正されるとともに、負債利子がある場合の控除計算の対象となる株式等が、上記②の関連法人株式等に限定されることとなりました。改正前は、完全子法人株式等（株式等保有割合 100%）及び関係法人株式等（同 25%以上 100%未満）に係る配当等の 100%相当額、その他株式等（同 25%未満）に係る配当等の額の 50%相当額が益金の額に算入されないこととされ、完全子法人株式等以外は負債利子がある場合の控除計算の対象となっていました。

②　交際費等の損金不算入

a）　交際費とは

　　交際費とは、得意先、仕入先その他事業関係者等に対する接待、供応、慰安、贈答その他類似行為のために支出する費用です。

b）　法人税の留意事項

　　中小企業者（期末資本金の額が 1 億円以下である法人）については、定額控除限度額（年 800 万円）までの交際費等の全額が損金算入されます。一方、中小企業者以外の法人については、平成 26 年度税制改正により、交際費等の額のうち、接待飲食費の 50%相当額を損金算入することとされました。なお、中小法人については、接待飲食費の 50%相当額の損金算入と、定額控除限度額までの損金算入とのいずれかを選択適用できます。

> （算式）交際費等の損金不算入額
> ＝　支出交際費等　－　損金算入限度額【マイナスの場合は 0】
> 損金算入限度額は、①又は②のいずれか大きい金額
> ①　接待飲食費×50%
> ③　　定額控除限度額　年 800 万円

　　平成 18 年度税制改正により、交際費等の範囲から 1 人当たり 5,000 円以下の飲食費が除外されました。また、平成 15 年度税制改正により、交際費について定額控除を認める対象が従来の資本金 5,000 万円以下の法人から、資本金 1 億円以下の中小法人に拡大されています。令和 6 年度税制改正により、交際費等の範囲から除外される飲食費に係る金額基準が 1 人当たり 1 万円以下に引き上げられました。

（a）　飲食費

　　飲食費とは、飲食その他これに類する行為（以下「飲食等」といいます。）のために要する費用です。ただし、専らその法人の役員若しくは従業員又はこれらの親族に対する接待等のために支出するものを除きます。

　　飲食費には、自己の従業員等が取引先を接待して飲食するための飲食代のほか、取引先の業務の遂行や行事の開催に際して、弁当の差し入れを行うための弁当代などが対象となります。なお、飲食物の詰め合わせの贈答については、いわゆる中元・歳暮と変わらないため、原則として交際費等に該当することになります。ただし、飲食店等での飲食後のお土産代については、飲食費とすることができます。一方、取引先との飲食等を行う飲食店等へ送迎費用は、交際費等に該当します。

　　なお、社内飲食費は 1 人当たり 1 万円（2024 年 3 月以前支出分は 5,000 円）以下であっても交際費に該当します。社内飲食費とは、専らその法人の役員・従業員、これらの親族に対する接待等のために支出する飲食費をいいます。

　　飲食費について、1 人当たり 1 万円以下の場合には、交際費等から除外されますが、1 人当たりの金額が 1 万円を超えた場合には、その費用のすべてが交際費等に該当することになります。例えば、2 以上の法人が飲食費を分担して支出した場合には、その飲食費の総額をその飲食等に参加した者の数で除して計算した金額が 1 万円以下であるときに、交際費等から除外されることになります。ただし、分担した法人側に飲食費の総額の通知がなく、かつ、その飲食等に要する 1 人当たりの費用の金額がおおむね 1 万円程度に止まると想定される場合には、その分担した金額をもって判定して差し支えありません。

　　飲食等が 2 次会等の複数の飲食店等で行われた場合には、それぞれの飲食店等ごとに 1 人当たり 1 万円以下であるかどうかを判定して差し支えありません。また、飲食費が 1 人当たり 1 万円以下であるかどうかは、その法人の

適用している消費税の経理方式によります。具体的には、税抜経理方式であれば税抜金額により、税込経理方式であれば税込金額により判定します。

   (b) 接待飲食費

交際費等のうち、飲食その他これに類する行為のために要する費用です。ただし、専らその法人の役員若しくは従業員又はこれらの親族に対する接待等のために支出するものを除きます。

c）　経理のポイント

交際費等とは、交際費、接待費、機密費その他の費用で、法人が、その得意先、仕入先その他事業に関係のある者等に対する接待、供応、慰安、贈答その他これらに類する行為のために支出するものですが、次の費用は交際費に該当しませんので、それぞれの勘定科目で適切に処理する必要があります。

(a) 専ら従業員の慰安のために行われる運動会、演芸会、旅行等のための費用
    →福利厚生費

(b) カレンダー、手帳、扇子、うちわ、手ぬぐい等の物品を贈与するための費用
    →広告宣伝費

(C) 会議に関連して、茶菓、弁当その他これらに類する飲食物を供与するための費用
    →会議費

平成25年度税制改正により、交際費は定額控除限度額までの金額が損金算入されることになりましたが、時限的措置ですので、引き続き、交際費に該当しないものは、他の勘定科目として経理することが基本です。

また、1人当たり1万円以下の飲食費は、一定の要件の下に交際費等から除外されます。このため、飲食費を支出したときは、会合の相手方（接待・会議のメンバー）と人数（自社分を含む）、支出先（店名）などを記録しておきましょう。具体的には、帳簿等に「○○会社□□部、△△◇◇（氏名）部長他10名、卸売先」といった形で記録しておき、1人当りの金額を計算できるようにしておきます。

交際費等から除外される飲食費について、財務諸表や申告書別表において独自に表示する必要はありません。このため、別に勘定科目を設けて処理するのではなく、交際費勘定に含めて処理することになります。この場合には、法人税申告書別表15において、「交際費等の額から控除される費用の額7」に含めて記載します。

③　寄附金の損金不算入

a）寄附金とは

事業に直接、関連の無い者への金銭、物品その他経済的利益の贈与又は無償の供与です。社会福祉協議会など社会事業団体、政党など政治団体に対する拠出金、神

社の祭礼などの寄贈金は、交際費ではなく寄附金となります。

b）法人税の留意事項

　法人の場合、税法上、寄附金を①国などに対する寄附金および指定寄附金（指定寄附金等）、②特定公益増進法人に対する寄附金、③一般寄附金、の３つの種類に分類して取扱いを定めています。まず、国などに対する寄附金や指定寄附金は、全額損金算入されます。次に、特定公益増進法人に対する寄附金は、資本基準額（0.375％）と所得基準額（6.25％）の合計額の２分の１の損金算入限度額（特別損金算入限度額）が設けられており、さらに特定公益増進法人に対する寄附金の損金算入限度額を超える金額と一般寄附金とを合わせて、資本基準額（0.25％）と所得基準額（2.5％）の合計額の４分の１による損金算入限度額（一般寄附金の損金算入限度額）が設けられています。

（算式）寄附金の損金不算入額
＝　支出寄附金総額　－　損金算入限度額【マイナスの場合は0】
　損金算入限度額は、次の区分に応じた金額
①指定寄附金等　全額
②特定公益増進法人に対する寄附金　特別損金算入限度額
$$= \left[資本金等の額 \times \frac{当期の月数}{12} \times \frac{3.75}{1,000} + 所得の金額 \times \frac{6.25}{100} \right] \times \frac{1}{2}$$
※特別損金算入限度額を超える部分額は、一般寄附金と合わせて下記③の計算を行う。
③一般寄附金　一般寄附金の損金算入限度額
$$= \left[資本金等の額 \times \frac{当期の月数}{12} \times \frac{2.5}{1,000} + 所得の金額 \times \frac{2.5}{100} \right] \times \frac{1}{4}$$

　平成23年12月税制改正（経済社会の構造の変化に対応した税制の構築を図るための所得税法等の一部を改正する法律）により、特定公益増進法人等に対する寄附金に係る特別損金算入限度額が拡充された一方で、一般寄附金に係る損金算入限度額が縮減されました。

　国や地方自治体に対する寄附金が、常に全額損金算入になるわけではなく、役員の出身校（公立）などに対する個人的な寄附金は、役員に対する臨時的な給与（役員賞与）と認定され、損金不算入となりますので注意が必要です。

　また、寄附金の損金算入については現金主義的な考え方をとっており、未払いに計上した寄附金や手形払いの寄附金は、現実に払っていないので損金の額に算入されません（法令78、法基通9-4-2の4）。

(3)　法人の税引前当期利益と別表四の関係

　損益計算書の法人税、住民税及び事業税（法人税等）の額は当期純利益（税引後）への加算項目となりますので、「税引前当期純利益」が実質的には課税所得金額の基礎となります。このため、決算の実務では税引前当期利益が確定したら、いったん税引前当期純利益の金額を基に法人税等の申告書を作成して法人税等の額を計算します。

計算した法人税等を計上して決算を確定するとともに、これに基づいて決算書を作成し、最後に別表４の「当期利益又は当期欠損の額 1」と「損金経理をした納税充当金 4」の金額を修正します。

表 20. 法人税の課税所得の計算と別表四の関係

別表四の項目（区分）			決算書から	別表から	備考
当期利益又は当期欠損の額（①）		1	当期純利益		
加算	損金経理をした納税充当金（②）	4	法人税等		
	上記①②の合計		＝税引前当期純利益		
	交際費等の損金不算入額	8		別表 15	
	寄附金の損金不算入額	27		別表 14(2)	
	農業経営基盤強化準備金取崩額の益金算入額		剰余金処分案等	別表 12(13)	
	法人税額から控除される所得税額等(A)	29		別表 6(1)	A=C
	仮払税金消却不算入額(B)				B=D
減算	受取配当等の益金不算入額				
	農業経営基盤強化準備金積立額の損金算入額	47	剰余金処分案等	別表 12(13)	
	従事分量配当の損金算入額		剰余金処分案		
	肉用牛売却所得の特別控除額			別表 10(6)	
	仮払税金認定損(C)			別表 5(2)	C=A
	所得税額等及び欠損金の繰戻しによる還付金額等(D)	19			D=B
所得金額又は欠損金額		52			

剰余金処分案等＝剰余金処分案または株主資本等変動計算書

4．所得と法人課税

　法人の所得にかかる税金は、①法人税（地方法人税を含む。）、②法人事業税（特別法人事業税を含む。）、③法人住民税（道府県民税、市町村民税）です。

(1)　国税
①　法人税
a）　納税義務者

　　　納税義務者は「法人」です（法法4①）。人格のない社団等は法人とみなされます（法法3）。ただし、公益法人等、人格のない社団等については、納税義務者となるのは、収益事業を営む場合に限られます（法法4①後段）。なお、公共法人には納税義務はありません（法法4③）。

b）　課税標準

　　　各事業年度の所得について各事業年度の所得に対する法人税が課税されます。

c）　税率

　　　法人税の税率は次の表のとおりです。

法人の種類	所得の金額	2018年4月以後 開始事業年度	2016年4月以後 開始事業年度
普通法人（資本金1億円以下）・人格のない社団等	年800万円以下	※15%	※15%
	年800万円超	23.2%	23.4%
普通法人（資本金1億円超）		23.2%	23.4%
公益法人等・協同組合等	年800万円以下	※15%	※15%
	年800万円超	19%	19%

※平成23年度税制改正（12月改正）による「中小法人の軽減税率の特例」による時限税率。適用期限の延長で2025年3月31日までの間に開始する事業年度が対象となる。原則は19%。

d）　法人税額の計算

課税標準×税率－特別控除＋特別税額－控除所得税額・外国税額－中間申告額

　　　　　　　‖

「法人税額計」（別表1(1)「10」）

②　地方法人税

　　　地方法人税は、平成26年度税制改正により創設され、2014年10月1日以後に開始する課税事業年度から適用されていますが、平成28年度税制改正により、地方法人課税の偏在是正のため、2019年10月以後に開始する事業年度から税率が基準法人税額の10.3%（改正前4.4%）に引き上げられます。

(2) 地方税

① 事業税

a） 納税義務者

法人税とほぼ同じです。

ただし、農地所有適格法人である農事組合法人が行う農業については、法人事業税が非課税となっています（地法 72 の 4③）。

なお、畜産農業（日本標準産業分類・小分類 012）は、事業税の非課税の対象となる農業からは除かれます。農作業受託については農業サービス業に含まれるため、原則として、事業税の非課税の対象となる農業からは除かれますが、その収入が農業収入の総額の 2 分の 1 を超えない程度のものであるときは、農作業受託などの付帯事業も含めて非課税の取扱いがなされている例があります。

なお、事業年度の一部の期間について、農地所有適格法人としての要件を満たしていれば、その事業年度について事業税非課税の規定を適用できます。

b） 課税標準

（a） 資本金 1 億円以下の法人

資本金 1 億円以下の法人については、法人税とほぼ同じです。

ただし、「損金の額に算入した所得税額」について事業税では損金不算入扱いとなるなど、法人税法の課税標準と若干の違いがあります。

これは、法人が受け取る預貯金の利子や利益の配当等から控除されたいわゆる源泉所得税額について、法人税では、損金経理しないで法人税の仮払として経理し、法人税額から控除するのが通例ですが、損金経理して損金とすることもできます。しかしながら、事業税では、損金経理した場合、その所得税額は損金の額に算入しませんので（地令 21 の 2）、法人税の所得金額に損金経理した所得税額を加算して課税標準を計算します。

（b） 資本金 1 億円超の法人（外形標準課税）

平成 15 年度税制改正により、資本金 1 億円超の法人を対象とする外形標準課税制度が創設され、2004 年 4 月 1 日以後開始事業年度から適用されています。なお、令和 6 年度税制改正により、2025 年 4 月 1 日以後開始事業年度から原則として前事業年度に外形標準課税の対象だった法人が減資で資本金を 1 億円以下としても資本金と資本剰余金の合計額が 10 億円を超える場合は外形標準課税の対象となります。

外形標準課税の場合の課税標準は次の通りです。

① 付加価値割　各事業年度の付加価値額

② 資本割　各事業年度の資本金等の額

③ 所得割　各事業年度の所得

c) 税率

(a) 資本金 1 億円以下の法人

	所得金額	税率	
		2019 年 10 月以後 開始事業年度	2014 年 10 月以後 開始事業年度
普通法人、公益法人 等、人格のない社団等	年 400 万円以下	3.5%	3.4%
	年 400 万円超 800 万円以下	5.3%	5.1%
	年 800 万円超	7.0%	6.7%
特別法人（注）	年 400 万円以下	3.5%	3.4%
	年 400 万円超	4.9%	4.6%

注．協同組合等（法人税法別表第 3 と同一）及び医療法人をいう。

(b) 資本金 1 億円超の法人（外形標準課税）

所得金額		税率		
		2022 年 4 月以後 開始事業年度	2019 年 10 月以後 開始事業年度	2016 年 4 月以後 開始事業年度
付加価値割		1.2%	1.2%	1.2%
資本割		0.5%	0.5%	0.5%
所 得 割	年 400 万円以下		0.3%	1.6%
	年 400 万円超 800 万円以下	1.0%	0.5%	2.3%
	年 800 万円超		0.7%	3.1%

④ 特別法人事業税・地方法人特別税（廃止）

平成 31 年度税制改正により、地方法人特別税に代わる恒久的な措置として、法人事業税の一部を分離して特別法人事業税及び特別法人事業譲与税が創設され、2019 年 10 月以後に開始する事業年度から適用されました。

地方法人特別税は、平成 20 年度税制改正により、地域間の税源偏在を是正するため、消費税を含む税体系の抜本的改革が行われるまでの間の暫定措置として、法人事業税の一部を分離して創設され、2008 年 10 月 1 日以後開始する事業年度から適用されていましたが、2019 年 10 月以後に開始する事業年度から廃止されました。

a) 納税義務者

法人事業税の納税義務者です。

b) 課税標準

標準税率により計算した法人事業税の所得割額（基準法人所得割額）です。

c) 税率

法人の種類		税率		
		2019 年 10 月以後 開始事業年度	2016 年 4 月以後 開始事業年度※	2015 年 4 月以後 開始事業年度※
外形標準課税法人 以外の法人	普通法人	37.0%	43.2%	43.2%
	特別法人	34.5%		
外形標準課税法人		260.0%	414.2%	93.5%

※地方法人特別税

③　道府県民税

a）　納税義務者

法人税とほぼ同じです。

b）　課税標準

法人税額（前記の「法人税額計」）です。

c）　税率

（a）　法人税割

課税標準	税率		
	2019 年 10 月以後 開始事業年度	2014 年 10 月以後 開始事業年度	2014 年 9 月以前 開始事業年度
法人税額	1.0%	3.2%	5%

（b）　均等割

（後掲）

④　市町村民税

a）　納税義務者

法人税とほぼ同じです。

b）　課税標準

法人税額（前記の「法人税額計」）です。

c）　税率

（a）　法人税割

課税標準	税率		
	2019 年 10 月以後 開始事業年度	2014 年 10 月以後 開始事業年度	2014 年 9 月以前 開始事業年度
法人税額	6.0%	9.7%	12.3%

（b）　均等割

（後掲）

（3）　法人課税の実効税率

資本金 1,000 万円以下の法人の場合の各税の税率及び実効税率は表 21 のとおりです。

表 21.　法人課税の実効税率（2020 年度以降・資本金 1,000 万円以下の普通法人）

種別 年所得金額	法人税	地方法人税	事業税	特別法人 事業税	道府県民税	市町村民税	実効税率
400 万円以下	15%	法人税額 ×10.3%	3.5%	事業税額 ×37%	法人税額 ×1% （＋2 万円）	法人税額 ×6% （＋5 万 円）	21.4%
400 万円超 800 万円以下			5.3%				23.2%
800 万円超	23.2%		7.0%				33.6%

注．地方税の税率は標準税率による。

5．資本と法人課税

(1)　資本金による課税

　法人住民税（道府県民税・市町村民税）均等割についても、資本金等の額が増えると税負担が増えます。また、普通法人については、資本金が 1 億円を超える場合、年所得 800 万円以下の部分について軽減税率が適用されないほか、事業税が外形標準課税となって税負担が増えることになります。

①　法人住民税均等割（標準税率）

資本金等の額	従業者数	道府県民税	市町村民税
1 千万円以下	50 人以下	2 万円	5 万円
	50 人超		12 万円
1 千万円超 1 億円以下	50 人以下	5 万円	13 万円
	50 人超		15 万円
1 億円超 10 億円以下	50 人以下	13 万円	16 万円
	50 人超		40 万円
10 億円超 50 億円以下	50 人以下	54 万円	41 万円
	50 人超		175 万円
50 億円超	50 人以下	80 万円	41 万円
	50 人超		300 万円
（非出資）	——	2 万円	5 万円

②　資本金

　資本金又は出資金です。農事組合法人などの組合法人では、資本金のことを出資金と呼んでいます。資本金の額は、資本金の額又は出資金の額となります。

③　資本金等

　資本金等とは、資本金に資本準備金など株主等から法人に払い込み又は給付した財産の額で、資本金の額又は出資金の額として組み入れられなかったものを加えたものです。

　資本金等の額は、①資本金の額又は出資金の額と②株主等から法人に払い込み又は給付した財産の額で資本金の額又は出資金の額として組み入れられなかったもの等の合計額（①＋②）をいいます。

　ただし、法人住民税均等割において、2015 年 4 月 1 日以後に開始する事業年度については、資本金等の額に無償増資を加算、無償減資等による欠損塡補の額を控除します。ただし、調整した資本金等の額が、資本金及び資本準備金の合算額又は出資金の額に満たない場合には、資本金等の額は、資本金及び資本準備金の合算額又は出資金の額となります。

(2) 資本金の大小による法人の分類

① 中小法人等

中小法人等とは、①普通法人（投資法人、特定目的会社及び受託法人を除く。）のうち資本金の額若しくは出資金の額が1億円以下であるもの（100％子法人等を除く）又は資本若しくは出資を有しないもの、②公益法人等、③協同組合等、④人格のない社団等をいいます。

中小法人等は、各事業年度の所得の金額のうち年800万円以下の金額について法人税率が23.2％から15％に軽減されるなど、税制上有利になっています（表22）。

表22. 中小法人等に関する税制

	中小法人等	大法人
年800万円以下の金額に対する法人税の軽減税率	適用[15%]※	不適用[23.2%]
青色申告書を提出した事業年度の欠損金の繰越控除	繰越控除前の所得の金額の全額を控除	繰越控除前の所得の金額の50％相当額を控除
交際費等の損金不算入制度※	定額控除額（年800万円）に達するまでの全額を損金算入	接待飲食費の50％相当額は損金算入
特定同族会社の特別税率（留保金課税）	不適用	適用
欠損金の繰戻しによる還付制度	適用可	適用不可(注1) ※
貸倒引当金の繰入れ	適用可	適用不可(注2)
貸倒引当金の計算	法定繰入率の選択可※	貸倒実績率により計算

※租税特別措置による特例

注.

1) 解散、事業の全部の譲渡など一定の事実が生じた場合の欠損金を除く

2) 銀行、保険会社又は金融に関する取引に関する金銭債権を有する法人など一定の法人を除く

② 中小企業者

中小企業者とは、①資本金・出資金の額が1億円以下の法人（同一の大規模法人（注）に発行済株式又は出資の総数・総額（自己株式等を除外）の2分の1以上を所有されている法人及び2以上の大規模法人に発行済株式又は出資の総数又は総額（同上）の3分の2以上を所有されている法人を除く。）、②資本・出資を有しない法人のうち常時使用する従業員の数が1,000人以下の法人をいいます。

注. 大規模法人とは、資本金・出資金の額が1億円を超える法人又は資本・出資を有しない法人のうち常時使用する従業員の数が1,000人を超える法人又は大法人（資本金・出資金の額が5億円以上である法人等）による完全支配関係がある法人をいい、中小企業投資育成株式会社を除く。

中小企業者は、中小企業等投資促進税制（中小企業者等が機械等を取得した場合の特別償却又は税額控除）など各種の特別償却、法人税額の特別控除の特例や中小企業者等の少額減価償却資産の取得価額の損金算入の特例を受けることができます。ただし、平成29年度税制改正により、前3事業年度の平均所得金額が15億円超の中小企業者は、中小企業者の特例の対象から除外されました。

６．法人税における法人の分類

(1) 法人の目的からの分類

① 普通法人

②から④までに掲げる法人以外の法人で、人格のない社団等を含みません。一般の株式会社や合同会社などがこれに当たります。

普通法人は法人税法の定めるところにより、法人税を納める義務があります。税率は 23.2％が原則ですが、中小法人の場合、年 800 万円以下の所得金額について軽減（15％）されます。

なお、普通法人にはすべての事業に課税されます（全所得課税）。

② 公共法人

法人税法別表第 1 に掲げる法人です。地方公共団体のほか、農業に関連の深いものとしては、株式会社日本政策金融公庫、土地改良区、土地改良区連合などがあります。

公共法人には法人税などの納税義務はありません（法法４③）。

③ 公益法人等

法人税法別表第 2 に掲げる法人です。公益社団法人、公益財団法人のほか、農業に関連の深いものとしては、農業共済組合、農業共済組合連合会、農業信用基金協会などがあります。非営利型法人に該当する一般財団法人、一般社団法人も公益法人等に含まれます。

公益法人等について納税義務者となるのは、収益事業を営む場合に限られます（法法４①後段）。

なお、公益法人等には、収益事業（34 業種）にのみ課税されます（収益事業課税）。

④ 協同組合等

法人税法別表第 3 に掲げる法人です。農業協同組合（ＪＡ）や農業協同組合連合会、農事組合法人（組合員に確定給与を支給するものを除く。）などがこれに該当します。なお、農事組合法人のうち、組合員に確定給与（事業に従事する組合員に対し給料、賃金、賞与その他これらの性質を有する給与）を支給するものは、普通法人となります。

普通法人と同様に法人税の納税義務がありますが、法人税の税率は協同組合等の軽減税率（原則 19％）が適用されます。

なお、協同組合等には、すべての事業に課税されます（全所得課税）。

⑤ 人格のない社団等

法人でない社団又は財団で代表者又は管理人の定めがあるものです。

人格のない社団等は、法人とみなして、法人税法の規定が適用されます。ただし、

納税義務があるのは、収益事業を営む場合に限られます。税率は普通法人と同様で、年800万円以下の所得金額については、中小法人の軽減税率と同様に軽減（15%）されます。

人格のない社団等について納税義務者となるのは、収益事業を営む場合に限られます（法法4①後段）。

なお、人格のない社団等には、収益事業（34業種）にのみ課税されます（収益事業課税）。

(2) 同族会社・非同族会社

① 同族会社

「同族会社」とは、株主等の3人以下及びこれらの同族関係者が有する株式等の合計額が、その会社の発行済株式総数又は出資金額の50%超の会社です。

同族会社は、行為計算の否認の適用を受けます。また、同族会社のうち特定同族会社に該当する法人は、留保金課税の適用を受けます。

② 特定同族会社

「特定同族会社」とは、被支配会社で、被支配会社であることについての判定の基礎となった株主又は社員のうちに被支配会社でない法人がある場合には、当該法人をその判定の基礎となる株主又は社員から除外して判定するものとした場合においても被支配会社となるものをいい、資本金が1億円以下であるものを除きます（法法67①）。

「被支配会社」とは、会社の上位1株主グループ（株主又は社員（その会社が自己の株式又は出資を有する場合のその会社を除きます。）の1人並びにこの株主又は社員と特殊の関係のある個人及び法人を一のグループとした場合のそのグループをいいます。）が、次に掲げる場合に該当する場合におけるその会社をいいます（法67②、法令139の7）。

(ア) その会社の発行済株式又は出資（その会社が有する自己の株式又は出資を除きます。）の総数又は総額の50%を超える数又は金額の株式又は出資を有する場合（法67②）

(イ) その会社の議決権のいずれかにつきその総数（その議決権を行使することができない株主等が有する議決権の数を除きます。）の50%を超える数を有する場合（法令139の7⑤）

(ウ) その会社（合名会社、合資会社又は合同会社に限ります。）の社員（その会社が業務を執行する社員を定めた場合にあっては、業務を執行する社員）の総数の半数を超える数を占める場合（法令139の7⑤）

特定同族会社は留保金課税の適用を受けますが、平成18年度税制改正により、留保金課税の適用対象となる法人は、同族会社（上位3株主グループによる判

定）から特定同族会社（上位 1 株主グループによる判定）とされました。

③　非同族会社

　「同族会社でない法人」です。農事組合法人は会社ではないので、常に非同族会社に該当します。非同族会社には、行為計算の否認、特定同族会社の留保金課税が適用されません。

7．農地所有適格法人（旧・農業生産法人）

(1)　農地所有適格法人とは

　　農地所有適格法人とは、農地の所有権を取得することができる法人です。平成 27 年農地法改正（2016 年 4 月 1 日施行）によって、「農業生産法人」の名称が「農地所有適格法人」に改められ、構成員要件及び業務執行役員要件が緩和されました。平成 21 年農地法改正（2009 年 12 月 15 日施行）以前は、農業生産法人でなければ農地を利用して農業を行うことができませんでしたが、平成 21 年農地法改正後は農業生産法人でなくても農地を借りて農業を行うことができるようになりました。このほか、農地所有適格法人には、農業経営基盤強化準備金や肉用牛免税などの税制上の特例措置があります。

　　農地所有適格法人となるには、①法人形態要件、②事業要件、③構成員・議決権要件、④役員要件のすべてを満たす必要があります。

表 23．農地所有適格法人と農地所有適格法人以外の農業法人（一般法人）との比較

		農地所有適格法人	一般法人
農地の購入（所有権取得）		できる	できない
農地の借入れ		できる	できる（解除条件付）
税制上の特例措置	農業経営基盤強化準備金	適用可	適用不可
	肉用牛免税	適用可	適用不可
	農事組合法人の農業の法人事業税非課税	適用可	事実上、非該当

(2)　農地所有適格法人の要件
①　法人形態要件
　　その法人が、農事組合法人、株式会社（公開会社でないものに限る）、持分会社（合名会社、合資会社、合同会社）のいずれかであること
②　事業要件
　　その法人の主たる事業（直近 3 か年の売上高）の過半が農業（農業関連事業を含む）であること
③　構成員（出資者）・議決権要件
　　農業関係者（表 24）の議決権が、その法人の総議決権の過半（2 分の 1 超）であること
　　なお、平成 27 年農地法改正の前は、その法人の組合員（農事組合法人）、株主（株式会社、自己株式を除く）、社員（持分会社）が、すべて次の表 24 に掲げる者のいずれかであることとされていました。

表 24．農地所有適格法人の構成員要件

		個　　人	法人(注 2)
農業関係者 （議決権制限なし）		農地提供者(注 3) 常時従事者(注 4) 基幹的農作業委託者 農業経営改善計画に基づき出資した耕作又は養畜の事業を行う個人の関連事業者等	農地等を現物出資した農地中間管理機構 農業協同組合・農業協同組合連合会 地方公共団体 アグリビジネス投資育成㈱ 農業経営改善計画に基づき出資した農地所有適格法人の関連事業者等（議決権要件特例）
農業関係者以外（議決権制限あり（注 1））	継続的取引関係者（3 年以上の契約締結が必要）(注 1)		
	法人からの物資供給等を受ける者	例）産直契約の消費者	例）スーパー・食品加工業者・生協等
	法人に対して役務提供等を行う者	例）農作業受託者	例）農産物運送業者
	法人の事業の円滑化に寄与する者		例）ライセンス契約する種苗会社

注．

1) 平成 27 年農地法改正により、農業関係者以外の構成員が継続的取引関係者である必要はなくなった。平成 27 年農地法改正前の農地法では、農業関係者以外の構成員は継続的取引関係者に限定されており、その議決権は原則として総議決権の 1/4 以下、農商工連携事業者が構成員である場合は 1/2 未満に制限されていた。ただし、農業経営基盤強化促進法の特例により、農業経営改善計画に従って認定農業者である農地所有適格法人に出資する場合、農業者・農地所有適格法人については制限がなく、農外の関連事業者は 1/2 未満となっていた。

2) 業務執行役員要件において、業務執行役員の過半の者が法人の農業に常時従事する「構成員」とされていることから、最低でも 1 人の個人の構成員が必要となるため、構成員のすべてを法人とすることはできない。

3) 平成 27 年農地法改正により、その法人に直接に農地等の利用権を設定した個人だけでなく、その法人に農地等を使用収益させている農地利用集積円滑化団体や農地中間管理機構にその農地等の利用権を設定している個人も農地提供者に追加された。

4) その法人の農業に年間 150 日以上従事する者をいうが、次の算式の日数（最低 60 日以上）以上である者を含む。なお、農地提供者を兼ねる者については日数の特例がある。

$$\frac{その法人の農業に必要な年間総労働日数}{法人の構成員の数} \times \frac{2}{3}$$

　　平成 27 年農地法改正により、株式会社にあっては農業関係者に該当する株主の有する議決権の合計が総株主の議決権の過半を占めているものであることとされました。その結果、農業関係者以外については、議決権は 2 分の 1 未満までよいこととなり、継続的取引関係者である必要もなくなりました。また、農事組合法人については、農地法による構成員要件が無くなります。ただし、農業協同組合法で農事組合法人の

組合員は原則として農民であることとされています。

④　役員（経営責任者）要件

　その法人の業務執行役員（農事組合法人は理事、株式会社は取締役、持分会社は業務を執行する社員）が、次の両方の条件を満たすこと

（ア）　業務執行役員要件

　業務執行役員の過半の者が法人の農業（関連事業を含む）に常時従事（原則年間150 日以上）する構成員（出資者）であること

　ただし、農地所有適格法人（子会社）に出資している会社（親会社）の役員が子会社の取締役を兼務することを子会社の農業経営改善計画に記載している場合は、親会社の農業に常時従事する株主で子会社の農業に年間 30 日以上従事する取締役を常時従事する構成員と同様に扱います（役員要件特例）。

（イ）　役員の農作業従事要件

　役員又は重要な使用人（農場長等）のうち、1 人以上が農作業に従事（原則年間60 日以上）すること

　なお、平成 27 年農地法改正の前は、上記(イ)の要件が「(ア)に該当する役員の過半数の者が農林水産省令で定める日数（原則年間 60 日）以上その法人の農作業に従事すると認められるものであること」とされていました。平成 27 年農地法改正により、業務執行役員又は重要な使用人のうちの 1 人以上の者が農作業に従事すればよいこととなった結果、経営責任者として農作業に従事する者は、構成員（出資者）である必要がなくなりました。

　平成 31 年農業経営基盤強化促進法改正により、役員のグループ会社間での兼務といった農業経営上のニーズに対応するため、認定農業者である農地所有適格法人について、役員の常時従事要件が緩和され、親会社と子会社を兼務する役員は子会社の株主でなくても、親会社の役員で常時従事する株主であれば子会社の農業に 30 日以上従事することで常時従事する構成員と同様に扱うことになりました。その結果、100％子会社であっても農地所有適格法人の要件を満たすことが可能になりました。

○　農地所有適格法人要件の比較表（原則・議決権要件特例・役員要件特例）

	原則 （農地法第2条第3項第2〜4号）	議決権要件特例 （基盤法第14条第1項）	役員要件特例 （基盤法第14条第2項）
① 親会社による子会社への出資可能範囲	子会社の総議決権の2分の1以上の出資は**不可**	子会社の総議決権の2分の1以上の出資が**可能**	子会社の総議決権の2分の1以上出資する**必要** 【議決権要件特例を活用する必要】
② 経営改善計画の作成及び市町村（※）の認定を受ける必要のある者	―	子会社	親会社、子会社
③ 兼務役員が、子会社において、農業常時従事者かつ構成員たる役員として扱われるための条件	○ 子会社の行う農業の常時従事者（原則年間150日以上） ○ 子会社の構成員（株式会社の場合、株式を1株以上保有）	同左	○ 子会社の行う農業に<u>年間30日以上従事する者</u> ※ 子会社の構成員（株主）であることは求めない
④ 農業経営のノウハウを持つ親会社の役員が兼務可能な子会社の数	1社は兼務可能	同左	2社以上の兼務が可能

（農林水産省資料）

8．農業経営基盤強化準備金（税制特例①）

（1） 農業経営基盤強化準備金とは

① 制度の概要

　農業経営基盤強化準備金制度は、青色申告をする認定農業者等の個人又は農地所有適格法人が農業経営基盤強化準備金として積み立てた金額を必要経費又は損金に算入するものです。積立限度額は、交付を受けた経営所得安定対策交付金等を基礎として計算します。農業経営基盤強化準備金の積立ては、農業経営改善計画の「生産方式の合理化に関する目標」に掲げられている機械・施設の取得のためなど、農業経営改善計画などに従って行います。

　また、農用地又は特定農業機械等の取得等をして農業の用に供した場合は、農業経営基盤強化準備金を取り崩すか、直接、その年・事業年度対象に受領した交付金をもって、その農用地等について圧縮記帳をすることができます。農業経営改善計画記載の農業用固定資産を取得しなかったため、圧縮記帳による取崩しができずに残ってしまった農業経営基盤強化準備金の金額については、積立てをした年・事業年度から数えて 7 年目の年・事業年度に取り崩して益金に算入します。

　農業経営基盤強化準備金制度は、平成 19 年度税制改正によって創設された制度です。これまで 9 回、適用期限が延長され、平成 29 年度税制改正と令和 2 年度税制改正では 1 年延長、平成 21 年度税制改正、平成 23 年度税制改正、平成 25 年度税制改正、平成 27 年度税制改正、平成 30 年度税制改正、令和 3 年度税制改正、令和 5 年度税制改正では 2 年延長されました。その結果、2025 年 3 月 31 日までに交付を受けた交付金等が農業経営基盤強化準備金制度の対象となります。

② 対象者

　農業経営基盤強化準備金の対象となるのは、青色申告者で次に該当するものです。また、それぞれが作成する農業経営改善計画等に、この特例を活用して取得しようとする農業用固定資産が記載されていることが要件となります。（新たな農業用固定資産を取得しようとする場合には、事前に計画への記載・承認が必要となります。）

（ア） 認定農業者又は認定新規就農者である個人

　　　―農業経営改善計画又は青年等就農計画

（イ） 認定農業者である農地所有適格法人（認定農地所有適格法人）

　　　―農業経営改善計画

　平成 27 年度税制改正により、認定新規就農者である個人が対象者に追加され、農地所有適格法人以外の特定農業法人が対象者から除外されました。また、平成 30 年度税制改正により、特定農業法人で認定農業者でない農地所有適格法人が対象者

から除外されました。なお、特定農業法人であっても認定農業者である農地所有適格法人は対象者となります。

　また、令和 3 年度税制改正により、2022 年 4 月以後開始事業年度（個人は 2023 年分）から、農業経営基盤強化準備金の積立てについて、人・農地プランにおいて地域の中心となる経営体として位置づけられたものに限定されます。

③　対象交付金

　対象交付金は、畑作物の直接支払交付金など経営所得安定対策交付金と水田活用の直接支払交付金です。平成 27 年度税制改正によって環境保全型農業直接支援対策交付金が、また、平成 30 年度税制改正によって米の直接支払交付金が、対象となる交付金等から除外されました。

表25. 農業経営基盤強化準備金の対象交付金等

区分	勘定科目	名称	交付条件等	入金時期	備考
営業収益	価格補填収入	畑作物の直接支払交付金	営農継続支払、数量払	8・9月、11〜翌3月	
営業外収益	作付助成収入	水田活用の直接支払交付金	交付対象水田転作作物の生産	8月〜翌3月	
特別利益	経営安定補填収入	米・畑作物の収入減少影響緩和交付金（収入減少補填）		翌5〜6月	

④　取崩事由

　農業経営基盤強化準備金を積み立てている個人・法人が次の取崩し事由に該当する場合には、次の金額を総収入金額（個人）・益金（法人）算入します。

　（ア）積立てをした年・事業年度の翌期首から 5 年を経過した場合―5 年を経過した金額

　（イ）認定農業者等に該当しないこととなった場合―全額

　（ウ）事業の全部を譲渡・廃止した場合（個人）・被合併法人となる合併（適格合併を除く。）が行われ又は解散した場合（法人）―全額

　（エ）農業経営改善計画等の定めるところにより農用地等の取得等をした場合―取得価額相当額

　（オ）農業経営改善計画等に記載のない農用地・農業用の機械装置・建物等・構築物の取得等をした場合―取得価額相当額

（カ）任意に農業経営基盤強化準備金の金額を取り崩した場合—取り崩した金額

　平成30年度税制改正により、準備金の取崩し事由に上記の（エ）・（オ）が追加されました。その結果、農業経営改善計画等に記載された農用地等を取得した場合には、準備金が益金算入されるため、準備金を取り崩して圧縮記帳しないと法人税が課税されることになります。また、農業経営改善計画等に記載のない農用地、農業用の機械装置・建物・建物附属設備・構築物を取得した場合は、圧縮記帳もできないため、準備金が益金算入されて課税されることになります。このため、取得する予定の農用地等について農業経営改善計画等に記載がない場合は、農業経営改善計画等の変更申請をして記載のうえ、圧縮記帳する必要があります。

(2)　農業経営基盤強化準備金の積立て

①　積立限度額

　農業経営基盤強化準備金の積立限度額は、次のいずれか少ない金額となります。
　　（ア）　「農業経営基盤強化準備金に関する証明書」（別記様式第２号）の金額
　　（イ）　その年分の事業所得の金額（個人）・事業年度における所得の金額（法人）
　（イ）の所得の金額は、農業経営基盤強化準備金を積み立てた場合の必要経費・損金算入、農用地等を取得した場合の課税の特例の規定を適用せず、また、法人の場合は支出した寄附金の全額を損金算入して計算した場合のその年分の事業所得の金額（個人）・事業年度の所得の金額（法人）となります。令和３年度税制改正により、2021年４月以後開始事業年度（個人は2022年分）から、積立て後５年を経過した農業経営基盤強化準備金の取崩しによる益金算入額は、積立限度額の計算においてその所得の金額を構成しないものとして計算することになります。

図１．農業経営基盤強化準備金の積立限度額

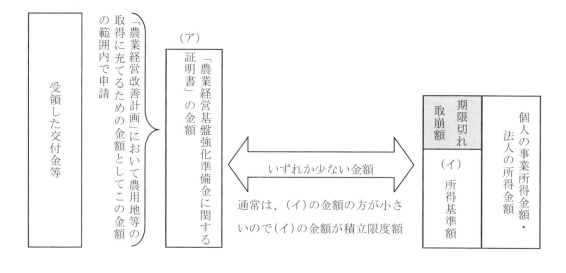

　このため、農業経営基盤強化準備金を積み立てた結果、積立後のその年・事業年度における所得金額、すなわち課税所得が 0 円になることはありますが、それが限度で、積立後の課税所得がマイナスになるまで積み立てることはできません。

② 会計の方法

a） 対象交付金の受領

　準備金の対象となる交付金等を受領したときは、価格補填収入、作付助成収入、経営安定補填収入の収益の各勘定により経理します。

　なお、対象交付金について、営業収益ではなく、営業外収益（作付助成収入）や特別利益（経営安定補填収入）に表示するのは、農業に係る収益ではあるものの、その会計期間の農産物の販売に伴って発生するものではないからです。営業収益に表示する売上高は、商品等の販売又は役務の給付によって実現したものに限ります（企業会計原則　第二損益計算書原則　三B）ので、価格補填収入は営業収益に表示します。一方、作付助成収入については毎期経常的に発生するものであることから営業外収益、経営安定補填収入については臨時損益の性格を持つものであることから特別利益に表示します。

　交付金については、実際に入金のあった日ではなく、交付決定通知書の日付の属する事業年度の収益に計上します。期末までに入金がない場合であっても、交付決定通知書の日付が事業年度内の日付になっている場合には、期末の決算整理において未収入金に計上します。また、交付金相当額をＪＡが立替払いすることがありますが、立替払いを受領した時に収入金額に計上している場合において、交付決定通知書の日付が翌事業年度の日付になるときは、立替払いについて前受金に修正または振り替えます。

b） 農業経営基盤強化準備金の積立て

　農業経営基盤強化準備金の積立限度額が 400 万円の場合の準備金の積立の仕訳は次のとおりです。

（a）　引当金経理方式（損金経理）

期末日：

借方科目	税	金額	貸方科目	税	金額
農業経営基盤強化準備金繰入額	不	4,000,000	農業経営基盤強化準備金	不	4,000,000

この場合の「農業経営基盤強化準備金」は負債勘定（引当金）になります。

（b）　積立金経理方式（剰余金処分経理）

期末日または決算確定日（総会日）：

借方科目	税	金額	貸方科目	税	金額
繰越利益剰余金	不	4,000,000	農業経営基盤強化準備金	不	4,000,000

この場合の「農業経営基盤強化準備金」は純資産勘定（任意積立金）になります。

③　証明書の交付申請

　　農業経営基盤強化準備金制度を適用するには、その適用を受けようとする年分の確定申告書に「農業経営基盤強化準備金に関する証明書」（別記様式第２号）を添付することが必要となります。

　　証明書の交付を受けるには、「農業経営基盤強化準備金に関する証明申請書」（別記様式第１号）に次に掲げる書類を添付して、地方農政局等に提出します。

　（ア）　「農業経営基盤強化準備金に関する計画書兼実績報告書」（別記様式第５号）

　（イ）　交付金等の交付決定通知書等の写し

　（ウ）　農業経営改善計画の写し

　（エ）　前年分青色申告決算書（個人）・前期（法人）の貸借対照表の写し

(3)　農業経営基盤強化準備金制度の圧縮記帳

①　圧縮記帳の対象資産

　　農業経営基盤強化準備金の取崩額及び受領した交付金のうち準備金として積み立てなかった金額をもって、農業用固定資産について圧縮記帳することができます。対象となる農業用固定資産は、農用地と特定農業用機械等です。ただし、贈与、交換、出資、現物分配、所有権移転外リース取引、代物弁済、合併、分割により取得したものは対象となる農業用固定資産から除かれます。

　　なお、圧縮記帳については、国庫補助金と農業経営基盤強化準備金を併用して、同一事業年度において、２以上の資産のみならず、１つの資産であっても圧縮記帳することができます。

a）　農用地

　　農用地とは、農業経営基盤強化促進法に規定する農用地で、農地のほか、採草放牧地が含まれます。また、農用地に係る賃借権も圧縮記帳の対象資産となります。

b）　特定農業用機械等

　　特定農業用機械等とは、農業用の機械装置、器具備品、建物、建物附属設備、構築物、ソフトウェアです。ただし、建物及び建物附属設備については、農業振興地域制度による農用地利用計画において農用地区域（いわゆる「農振青地」）の区域内にある「農業用施設用地」として用途が指定された土地に建設される農業の用に直接供される農業用施設を構成する建物で次に掲げるものに限定されます。

　（a）　畜舎、蚕室、温室、農産物集出荷施設、農産物調製施設、農産物貯蔵施設その他これらに類する農畜産物の生産、集荷、調製、貯蔵又は出荷の用に供する施設

　（b）　堆肥舎、種苗貯蔵施設、農機具収納施設その他これらに類する農業生産資

材の貯蔵又は保管（農業生産資材の販売の事業のための貯蔵又は保管を除く。）
の用に供する施設

なお、機械装置、器具備品、構築物、ソフトウェアについては農業用のもので
あれば良く、それ以外の法律による制限はありません。

特定農業用機械等とは、これまで「農業用の機械その他の減価償却資産」とさ
れ、減価償却資産の耐用年数等に関する省令旧別表 7 「農林業用減価償却資産の
耐用年数表」に掲げるものが対象となりました。平成 27 年度税制改正により、建
物、建物附属設備、ソフトウェアが対象資産に追加されました。また、制度の運
用改善（2020 年 10 月 5 日以降証明分）により、専ら農業用に使用するパワーシ
ョベル、ブルドーザー等の自走式作業用機械が対象資産に追加されました。

このうち、実際に圧縮記帳の対象となるのは、農業経営改善計画に記載されて
いる農業用固定資産です。原則として農業経営改善計画に記載されている農業用
固定資産と異なる資産を圧縮記帳の対象となる資産とすることは認められません。

また、農業経営基盤強化準備金制度では、圧縮記帳の対象となる資産について
「製作若しくは建設の後事業の用に供されたことのない」という条件が付いてお
り、新品の資産に限られています。令和 5 年度税制改正により、取得価額 30 万
円未満の資産が除外されました。

リース資産であっても所有権移転リース取引によるものは対象に含まれますが、
所有権移転外リース取引によるものは、対象資産から除外されています。所有権
移転外リース取引が特例の対象から除かれているのは、その減価償却が、法定耐
用年数ではなくリース期間で償却するなど、一般的な減価償却方法のルールと異
なることから、圧縮記帳において一般の資産の取得と同様に取扱うことが不適切
であるためと考えられます。このため、リース資産について、農業経営基盤強化
準備金制度による圧縮記帳の対象としたい場合には、所有権移転リース取引に該
当するようにリース契約を締結する必要があります。具体的には、①リース期間
終了時にリース資産を無償で賃借人に譲渡する（譲渡条件付きリース）、②リース
期間を法定耐用年数の 70％未満とする③リース契約ではなくローン（借入金）と
する ― などの契約内容とすることが考えられます。

ただし、農林水産省では、農業用固定資産の取得資金の全額について長期運転
資金としてではなくその農業用固定資産の取得のための制度資金等の資金をもっ
て取得したことが明らかな場合には「農用地等を取得した場合の証明書」を発行
しないとしていますので注意が必要です。なお、農業経営基盤強化準備金制度の
圧縮記帳では、確定申告書に「農用地等を取得した場合の証明書」の添付がある
場合に限って適用されることになっています。

② 対象資産の取得時期

　農用地等を取得した場合の課税の特例では、農業経営基盤強化準備金を取り崩した場合だけでなく、受領した交付金等を準備金として積み立てずに受領した事業年度に用いて農用地又は農業用減価償却資産を圧縮記帳することができます。この場合、交付金等を受領する前に取得した農業用固定資産についても、同一事業年度であれば、圧縮記帳の対象となります。

③ 特定農業用機械等の減価償却

　農用地等を取得した場合の課税の特例の適用を受けた特定農業用機械等については、圧縮後の取得価額を基礎として減価償却を行います。また、この特例の適用を受けた特定農業用機械等については、特別償却や割増償却の規定は適用されません。したがって、この特例の適用を受けた特定農業用機械等については、圧縮後の取得価額が160万円以上であっても、中小企業者が機械等を取得した場合の特別償却又は所得税額の特別控除（措法42の6）の規定の適用を受けることはできません。

④ 圧縮限度額

　農用地等を取得した場合の課税の特例による圧縮限度額は、次のいずれか少ない金額となります。

　　　（ア）　「農業経営基盤強化準備金の取崩額」と「農用地等を取得した場合の証明書」（別記様式第4号）の金額の合計額

　　　（イ）　その年分の事業所得の金額（個人）・その事業年度の所得の金額（法人）

　　　（ウ）　圧縮対象資産の取得価額

　（イ）の所得の金額は、農用地等を取得した場合の課税の特例の規定を適用せず、法人の場合は支出した寄附金の全額を損金算入して計算した場合の所得の金額です。また、農業経営改善計画等の定めるところによらずに農用地・農業用の機械装置・建物等・構築物の取得等をした場合の農業経営基盤強化準備金の取崩額は総収入金額（個人）・益金（法人）に算入しないで所得の金額を計算します。令和3年度税制改正により、2022年4月以後開始事業年度（個人は2023年分）から、期限切れの準備金の取崩しによる益金算入額は、圧縮限度額の計算においてその所得の金額を構成しないものとして計算します。

図２．農業経営基盤強化準備金制度による圧縮限度額

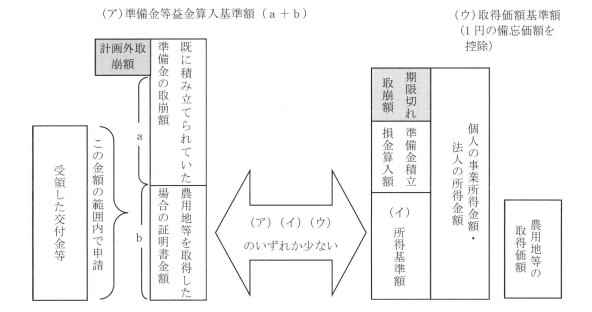

（ア）準備金等益金算入基準額（a＋b）　　　　　　　（ウ）取得価額基準額
　　　　　　　　　　　　　　　　　　　　　　　　　　　（１円の備忘価額を
　　　　　　　　　　　　　　　　　　　　　　　　　　　　控除）

⑤　会計の方法

a）　経理の基本

　　法人の場合、圧縮記帳は、直接減額方式または積立金経理方式によります。

　　圧縮記帳するうえでは、まず、期首農業経営基盤強化準備金の全額を任意に取り崩します。

　　次に、圧縮記帳の対象となる資産の取得価額と所得基準額を比較します。

（a）　取得価額が所得基準額よりも少ない場合

　　直接減額方式の場合は取得価額から１円の備忘価額を控除した残額を、積立金経理方式の場合は取得価額と同額を圧縮額とします。なお、その事業年度に受領した交付金等がある場合は、前述の方法により準備金積立額を計算して、その事業年度分として準備金を積み立てます。その事業年度に受領した交付金等の全額相当額を準備金として積立てても所得金額が過大となる場合は、期首農業経営基盤強化準備金の取崩額を減額して調整します。

（b）　取得価額が所得基準額よりも多い場合

　　所得基準額と同額を圧縮額として圧縮記帳します。この場合、圧縮資産について圧縮記帳後に１円を超える帳簿価額があっても減価償却をしません。

　　強制償却である個人の場合と異なり、法人の場合は任意償却ですので、税法上は減価償却を行わないことができます。この場合、圧縮資産について減価償却しないことによって、個人の場合のような圧縮額の最適額を導くための複雑な計算

を回避することができます。なお、一般に減価償却を取り止めることは粉飾決算に繋がるため、企業会計上の問題があります。しかしながら、この場合には、減価償却費の代わりに同額を固定資産圧縮損として計上しており、当期純利益の額に影響を与えないため、基本的には、企業会計上も問題ありません。

b）　農業用固定資産の取得

取得した農用地（登記日）や特定農業用機械等を取得日（納品日等）で資産に計上します。取得した資産が複数の場合には、土地、構築物、機械装置など、資産の種類ごとに計上します。

取得日：

借方科目	税	金額	貸方科目	税	金額
機械装置※	課	4,000,000	未　払　金	不	4,000,000

※固定資産の各勘定科目

c）　農業経営基盤強化準備金の取崩し

当期に取得した農業用固定資産の取得価額以上の農業経営基盤強化準備金を取り崩します。準備金についての経理方式は、準備金を積み立てたときと同じ経理方式となります。

（a）準備金の積立てについて引当金経理方式（損金経理）によった場合

期末日：

借方科目	税	金額	貸方科目	税	金額
農業経営基盤強化準備金	不	4,000,000	農業経営基盤強化準備金戻入額	不	4,000,000

（b）準備金の積立てについて積立金経理方式（剰余金処分経理）によった場合

期末日または決算確定日（総会日）：

借方科目	税	金額	貸方科目	税	金額
農業経営基盤強化準備金	不	4,000,000	繰越利益剰余金	不	4,000,000

d）　圧縮記帳

圧縮記帳にも損金経理による方法（直接減額方式または引当金繰入方式）と剰余金処分経理（法人の場合）による方法とがあります。ただし、法人において損金経理直接減額方式の場合には、帳簿価格として１円以上の金額を備忘価額としなければなりません。準備金について採用した経理方式にかかわらず、圧縮記帳については、損金経理、剰余金処分経理（法人の場合）のいずれも選択できます。

（a）　直接減額方式（損金経理）

期末日：

借方科目	税	金額	貸方科目	税	金額
固定資産圧縮損	不	3,999,999	機械装置※	不	3,999,999

※固定資産の各勘定科目

　　複数の減価償却資産として計上される場合には、それぞれの資産ごとに最低でも 1 円の帳簿価額とする必要があるので、資産の種類が多いほどその分、固定資産圧縮損（＝圧縮限度額）の金額が減ることになります。

（b）　積立金経理方式（剰余金処分経理）
　　一方、剰余金処分経理による場合は、取得価額と同額の圧縮積立金（＝圧縮限度額）を積み立てることができます。

期末日または決算確定日（総会日）：

借方科目	税	金額	貸方科目	税	金額
繰越利益剰余金	不	4,000,000	圧縮積立金	不	4,000,000

　　剰余金処分経理方式による場合、法人税申告書別表 4 において、当期利益に、農業経営基盤強化準備金の取崩額の額を加算、圧縮額（圧縮積立金の積立額）を減算しますが、これらは同額のため差引き調整額はゼロになります。

⑥　証明書の交付申請

　　農業経営基盤強化準備金制度による圧縮記帳をするには、その適用を受けようとする年分の確定申告書に「農用地等を取得した場合の証明書」（別記様式第 4 号）を添付することが必要となります。
　　証明書の交付を受けるには、「農用地等を取得した場合の証明申請書」（別記様式第 3 号）に次に掲げる書類を添付して、地方農政局等に提出します。
　（ア）　「農業経営基盤強化準備金に関する計画書兼実績報告書」（別記様式第 5 号）
　（イ）　交付金等の交付決定通知書等の写し
　（ウ）　農業経営改善計画の写し
　（エ）　前年分青色申告決算書（個人）・前期（法人）の貸借対照表の写し
　（オ）　農業用固定資産の領収書、契約書、納品書等

　　建物を取得した場合、次の書類を確認することになります。
　（a）その建物が立っている場所がわかる書類
　　　　登記簿、建築確認申請書、建築確認の完了検査済書等
　（b）　建物が建っている土地の農業振興地域整備計画における用途区分がわかる

書類

市町村長が発行する用途区分証明、農業振興地域整備計画書の写しや計画図の写し等

9. 肉用牛免税（税制特例②）

(1) 制度の概要

　　農業を営む個人又は農地所有適格法人が、特定の肉用牛を売却した場合、年間 1,500 頭までの免税対象飼育牛の売却について、個人についてはその売却により生じた事業所得に対する所得税を免除、農地所有適格法人についてはその売却による利益の額を損金に算入します。

　　特定の肉用牛とは、個人又は農地所有適格法人が飼育した肉用牛で①家畜市場や中央卸売市場など一定の市場で売却したもの、②飼育した生後 1 年未満の肉用子牛を生産者補給金交付業務の事務を受託する農協（連合会）で農林水産大臣が指定したものに委託して売却したもの、です。

　　また、免税対象飼育牛とは、特定の肉用牛で①売却金額が免税基準価額（肉専用種 100 万円、交雑種 80 万円、乳用種 50 万円）未満のもの、②一定の登録のあるもの——をいいます。一方、売却価額が免税基準価額以上の肉用牛は、一定の登録のあるものを除き、免税対象飼育牛になりません。

＜個人の場合＞

　　個人の場合、特定の肉用牛のうちに免税対象飼育牛に該当しないもの又は年間 1,500 頭を超える免税対象飼育牛が含まれているときは、その個人のその年分の総所得金額に係る所得税の額は、次に掲げる金額の合計額とすることができます。

> （算式）肉用牛免税適用者の総所得金額に係る所得税額＝①＋②
> ①　（免税対象飼育牛に該当しない特定の肉用牛の売却価額※＋年間合計が 1,500 頭を超える免税対象飼育牛の売却価額※）×５％
> ②　その年において特定の肉用牛に係る事業所得の金額がないものとみなして計算した場合におけるその年分の総所得金額について計算した所得税相当額
> ※消費税の課税事業者で税抜経理方式を選択している場合、税抜きの売却価額で計算します。

　　上記のとおり、個人の場合には、免税対象飼育牛に該当しないものや頭数制限を超えるものについて売却価額の 6.5％（所得税 5％、住民税 1.5％）で分離課税されます。分離課税の適用を受けることが不利になるときは、免税対象飼育牛について免税の適用を受けないで、すべての肉用牛について通常の総合課税により申告することができますが、その場合、所得税の負担が生じます。また、免税の結果欠損金が生じても繰り越すことができません。

＜農地所有適格法人の場合＞

　　農地所有適格法人の場合、免税対象飼育牛の売却による利益の額とは、次の算式で表されます。

> （算式）肉用牛免税適用法人の売却による利益の額
> 売却による利益＝免税対象飼育牛に係る収益－（収益に係る原価＋売却に係る経費）

　平成 20 年度税制改正により、乳用種について売却金額が 50 万円未満のものに限定されたほか、免税対象牛の売却頭数の上限が設けられ、免税対象牛の売却頭数が年間 2,000 頭を超える部分の所得については、免税対象から除外されました。さらに、平成 23 年度税制改正により、売却頭数の上限が年間 1,500 頭に引き下げられたほか、交雑種（F1）について売却価額が 80 万円以上のものに限定されました。平成 26 年度税制改正、平成 29 年度税制改正、令和 2 年度税制改正、令和 5 年度税制改正によってそれぞれ適用期限が 3 年延長になりました。その結果、農業を営む個人は 2026 年まで、農地所有適格法人は 2027 年 3 月 31 日を含む事業年度まで特例の適用の対象となります。

　農地所有適格法人の場合、上記の算式から計算した「肉用牛の売却による利益」を損金算入します。損金算入するということは、法人税の課税対象となる所得金額を計算するうえで、損益計算書の当期純利益から肉用牛の売却の利益を減算するということです。その結果、決算書は黒字で利益が出ていても、課税所得がマイナスになることもあります。法人の場合、分離課税されるしくみになっていないことや、利益相当額の損金算入の結果生じた欠損金について青色申告欠損金として繰り越すことができるなど、次の表 26 のような違いがあり、個人に比べてメリットが多くなっています。このため、個人の肉用牛経営で所得税が発生する場合には、一般に、農地所有適格法人として法人化した方が有利になります。

表 26．個人と法人の肉用牛免税の違い

	個人農業者	農地所有適格法人
基本的な免税のしくみ	個人の売却をした日の属する年分の売却により生じた事業所得に対する所得税を免除。1,500 頭(注1)を超える部分は分離課税。	農地所有適格法人の免税対象飼育牛の売却による利益（1,500 頭(注1)を超える部分を除く。）相当額を売却した日を含む事業年度の所得の金額の計算上、損金の額に算入。
免税所得計算方法	とくに定めなし。	売却による利益＝免税対象飼育牛に係る収益－（収益に係る原価＋売却に係る経費）
免税対象飼育牛に係る収益	右に同じ。	牛マルキンなど肉用牛の取引価格が一定の価格を下回る場合に交付されるものは、個別通達(注2)にいう生産者補給金等に該当し、売却に係る収益の額に含む。
収益に係る原価	一般に、農業所得の必要経費を、肉用牛の売却に係る必要経費とそれ以外の必要経費とに区分する。ただし、青色申告特別控除については区分する必要はなく、肉用牛の売却に係る所得以外から青色申告特別控除の全額を差し引く。	売却直前の帳簿価額とは、売上原価の額を意味し、免税対象飼育牛の仕入れに要した額と仕入れから売却までの肥育製造原価との合計額がこれに相当する。肥育製造原価の額は、事業年度の肥育総原価の総額と肉用牛の肥育日数の累計日数から 1 頭の 1 日当たりの肥育製造原価の額を算出し、これに仕入れから売却までの日数を乗じて算出する。前事業年度から引続き肥育されている免税対象飼育牛については、同様に前事業年度の肥育製造原価の額に基づき計算した金額、すなわち期首棚卸高を前事業年度までの帳簿価額とする。

売却に係る経費	一般に、経費については、売却に係る経費だけでなく、経費全般を按分するよう指導されている。	売却に係る経費の額は、各食肉卸売市場における免税対象飼育牛の売却に係る手数料等の額のほか、各食肉卸売市場まで輸送するための運賃の額が含まれる。
免税対象飼育牛以外の取扱い	売却価額 100 万円（交雑種 80 万円、乳用種 50 万円）以上、1,500 頭超の特定の肉用牛の売却による収入金額に 5％（住民税 1.5％）により分離課税	通常の所得計算による。分離課税など別途の課税はなし。
欠損金の取扱い	特例適用前の農業所得が黒字の場合、欠損金を翌年に繰り越すことはできない。	損金算入の結果生じた欠損金については、青色申告欠損金として繰り越すことができる。

注.

1) 「措置法第 67 条の 3 第 1 項に規定する免税対象飼育牛に該当する肉用牛の頭数の合計が年 1,500 頭を超える場合において、同項の規定により損金の額に算入される年 1,500 頭までの売却による利益の額がいずれの肉用牛の売却による利益の額の合計額であるかは、法人の計算による」（租税特別措置法関係通達（法人税編）67 の 3－1）とされている。

2) 「措置法第 25 条及び第 67 条の 3 に規定する肉用牛の売却価額に係る消費税及び地方消費税の取扱いについて」平成 9 年 3 月 27 日課所 7－3 及び課法 2－3 国税庁長官通達）

(2) 免税対象飼育牛に係る収益

農地所有適格法人における肉用牛売却所得の課税の特例では、免税対象飼育牛に係る収益の額から当該収益に係る原価の額と当該売却に係る経費の額との合計額を控除した金額を免税対象飼育牛の売却による利益の額とし、これを損金算入することができます。この場合の免税対象飼育牛に係る収益とは、食肉市場で売却した肉用牛の場合、枝肉の売却価額だけでなく、内臓原皮等の価額が含まれます。

ただし、過去の裁決例で、市場による出荷奨励金や肉牛事故共済金は、売却価額に含まれないとされ、これらを売上高と区分して経理するため、出荷奨励金は雑収入（消費税課税）、肉牛事故共済金は受取共済金（不課税）として、経理します。

肉用牛売却所得の課税の特例において、肉用牛経営安定交付金（牛マルキン）、肉用子牛生産者補給金、肉用牛繁殖経営支援交付金（2018 年 12 月 29 日で終了、肉用子牛生産者補給金制度に一本化）は、免税対象飼育牛に係る収益に含めます。

免税対象飼育牛に該当するかどうかの免税基準価額を適用するにあたって、消費税 10％（軽減税率の対象は 8％）相当額を上乗せする前の売却価額すなわち税抜き売却価額を用いますが、「生産者補給金等の交付を受けているときは、当該補給金等の額を加算した後の金額」による判定することとしています(注)。これは、間接的な表現ですが、生産者補給金等が免税対象飼育牛に係る収益に含まれることを表しています。

注.「肉用牛売却所得の課税の特例措置について」平成 23 年 12 月 27 日付け農林水産省生産局長通知、最終改正令和 3 年 4 月 14 日

(3)　収益に係る原価

　収益に係る原価とは、肉用牛の肥育経営の場合、肉用牛1頭ごとの製造（生産）原価です。肉用牛の原価とは、棚卸資産である肉用牛の取得価額であり、自己の飼育に係る棚卸資産の取得価額は、次に掲げる金額の合計額となります。

　　○　当該資産の飼育（製造）等のために要した原材料費、労務費及び経費の額
　　○　当該資産を消費し又は販売の用に供するために直接要した費用の額

　法人が棚卸資産につき算定した飼育（製造）の原価の額が上記の合計額と異なる場合において、その原価の額が適正な原価計算に基づいて算定されているときは、その原価の額に相当する金額をもって取得価額とみなすこととしており（法令32）、原価については「適正な原価計算」に基づいて算定するのが基本となります。

　繁殖経営や一貫経営の場合には、繁殖雌牛の減価償却費も製造原価に算入します。

　一方、酪農経営の場合、子牛は副産物ですので、搾乳牛の減価償却費は子牛の原価には含めません。副産物等の評価額は、実際原価として合理的に見積った価額によりますが、搾乳牛が出産した直後の子牛の実際原価は、種付費用または受精卵移植費用により計算することになります。

　また、繁殖用の経産牛自体も免税対象飼育牛となります。繁殖牛は減価償却資産ですので、未償却残高が原価となります。

(4)　売却に係る経費

　売却に係る経費とは、売却をした免税対象飼育牛のその売却に係る経費であり、免税対象飼育牛1頭ごとの売却に直接対応する市場の販売手数料のほか市場までの輸送運賃などに限定されます。したがって、販売費であっても広告宣伝費など売却した免税対象飼育牛に直接対応しない経費は、売却に係る経費には含めません。

(5)　適用対象となる肉用牛

　肉用牛売却所得の課税の特例の適用対象となる肉用牛は、①種雄牛と②乳牛の雌のうち子牛の生産の用に供されたもの（搾乳牛）を除いた牛です。

　適用対象となる肉用牛の範囲について農林水産省生産局長通知で「肉用牛の飼育期間が極端に短く、単なる肉用牛の移動を主体とした売却により生じた所得は、本措置の適用対象とならず、2カ月以上飼育した場合に本措置の適用対象となる」（前掲「肉用牛売却所得の課税の特例措置について」）とされています。

　また、搾乳牛は対象から除外されていますが、子取り用雌牛は適用対象となります。なお、固定資産として経理されている子取り用雌牛については、肉用牛売却所得の課税の特例措置が適用されないものとされていますが、個人農業者の場合に売却代金が譲渡所得の扱いとなるためで、法人の場合や個人農業者でも譲渡所得とな

らない場合には適用されることになります。

＜適用要件＞

　　この特例措置の適用を受けるには、「肉用牛売却証明書」の添付が必要です。家畜市場によっては、肉用牛の経産牛について本特例措置が適用されないものとして証明書を発行しないところも一部にありますが、肉用牛の経産牛について証明書の添付がない場合には、法人であっても原則として本措置が適用されないことになりますので注意が必要です。

　　このうち免税対象飼育牛となるのは、一定の家畜市場で売却した肉用牛、農協（連合会)に委託して売却した肉用子牛で①売却金額が免税基準価額(肉専用種 100 万円、交雑種 80 万円、乳用種 50 万円) 未満のもの、②一定の登録のあるもの──をいいます。

　　ただし、免税対象飼育牛の一事業年度中の売却頭数が 1,500 頭を超える場合には、1,500 頭を超える部分の売却による利益の額は除かれます。売却頭数が 1,500 頭を超えた場合に、どの免税対象飼育牛の売却利益を合計して免税所得とするかは、納税者の「計算による」ものとしており、自由に決めていいことになります。したがって、売却利益の大きいものから 1,500 頭の分を合計して免税所得すると、税務上、有利になります。しかしながら、一事業年度中の売却頭数が 1,500 頭を超えない場合には、免税対象飼育牛全てのうちに、一頭ごとに計算すると損失が生じる免税対象飼養牛があったとしても、これを除外して免税対象飼育牛の売却による利益の額を計算することはできないことに留意する必要があります。

10. 収入保険

(1) 収入保険制度とは

収入保険制度は、新たな農業経営のセーフティネットとして、2019年1月から導入され、農業経営者ごとの収入全体を見て総合的に対応する保険制度を目指すものです。農業のセーフティネットとしては、農業災害補償制度がありますが、農業災害補償制度は、①自然災害による収量減少が対象であり、価格低下等は対象外、②対象品目が限定的で、農業経営全体をカバーしていない、といった課題があります。

収入保険制度では、品目の限定は基本的になく、米、畑作物、野菜、果樹、花、たばこ、茶、しいたけ、はちみつ、生乳など、ほとんどの農産物をカバーします。ただし、肉用牛、肉用子牛、肉豚及び鶏卵（畜産4品目）は、対象品目から除外されています。畜産4品目については、マルキン等の畜産品目ごとの経営安定対策が別立てで措置されているためです。たとえば、肉用牛の場合の肉用牛経営安定交付金（牛マルキン）は、販売価格だけでなく、生産コストの差をも補填する制度となっており、農業者に有利な制度となっています。このため、本来、収入保険制度は、品目の枠にとらわれずに農業経営全体をカバーすることを目的とするものですが、牛マルキンなどの経営安定対策の対象品目である畜産4品目は収入保険制度の対象品目から除外し、これら畜産4品目と対象品目との複合経営の場合、対象品目のみを対象として加入できる仕組みとしました。

(2) 収入保険制度の対象者

青色申告を行い、経営管理を適切に行っている農業者（個人・法人）が対象になります。青色申告を5年間継続している農業者を基本としますが、青色申告（簡易な方式を含みます。）の実績が加入申請時に1年分あれば加入できます。ただし、申込年を含む過去の青色申告期間が5年に満たない場合は、補償限度額が引き下げられます。なお、保険期間開始前に農業経営の承継・譲渡があった場合には、承継人・譲渡人の青色申告の期間を含めることができます。

加入の条件となる青色申告については、「正規の簿記」（複式簿記）及び「簡易簿記」が該当しますが、現金主義（「現金主義による所得計算の特例を受けることの届出書」を税務署に提出して申告する）は対象となりません。

また、農作物共済等の農業共済制度やナラシ等の類似制度との重複加入はできません。ただし、農業共済制度のうち、固定資産的家畜を対象とする死亡廃用共済、疾病傷害共済、樹体共済及び園芸施設共済（施設内農作物を共済目的としないものに限る。）については、収入保険制度と重複して利用できます。一方、収入保険制度と重複して利用できないナラシ等は次のとおりです。

  ○ 米・畑作物の収入減少影響緩和対策（ナラシ対策）

  ○ 野菜価格安定制度

      ※2021 年から 2024 年までの新規加入の場合に限り 2025 年まで最大３年間同時利用可

  ○ 加工原料乳生産者経営安定対策

  ○ いぐさ・畳農家経営所得安定化対策

なお、収入保険は任意加入で、制度に加入するかどうかは農業者の選択に委ねられています。

(3)　収入保険制度の対象収入

①　対象収入の基本と対象品目

自ら生産した農産物及び畜産物（「農産物等」といいます。）の販売収入です。ただし、次の品目については、対象収入から除外されています。

  ○ 肉用牛(牛マルキンを利用することができる牛[原則満 17 か月齢以上]に限る。)

  ○ 肉用子牛（肉用子牛生産者補給金を利用することができる子牛[満６か月齢以上]に限る。)

  ○ 肉豚（豚マルキンを利用することができる豚に限る。)

  ○ 鶏卵

  ○ 栽培管理をしていない農産物

②　加工品の取扱い

加工品は原則として対象収入から除外しますが、自ら生産した農産物に簡易な加工（委託加工を含みます。）を施したものは対象収入となります。例えば、精米、もち、荒茶、仕上げ茶、梅干し、干し大根、畳表、干し柿、干し芋、乾ししいたけ、牛乳などが該当します。

基本的には、税務上、個人農業者の場合に農業所得として申告すべき収入金額は対象収入に含めることができます。

③　補助金の取扱い

補助金は、原則として収入保険制度の対象収入に含めません。収入保険制度の補塡金や農業災害補償制度の共済金も補助金と同様に対象収入に含めません。ただし、次の数量払については、実態上、販売収入と一体的に取り扱われているため、販売収入に含めることになります。

  ○ 畑作物の直接支払交付金（営農継続支払を含む）

  ○ 甘味資源作物交付金

  ○ でん粉原料用いも交付金

  ○ 加工原料乳生産者補給金・集送乳調整金

④　雑収入の取扱い

　　雑収入は原則として対象収入に含めません。ただし、雑収入に計上されるもののうち、数量払交付金のほか、次のものは実質的に農産物の販売金額と同等のものとして、販売収入に含めることになります。

- ○　ＪＡ等からの農産物の精算金
- ○　家畜伝染病予防法に基づく手当金、植物防疫法に基づく補償金
- ○　ＪＴの葉たばこ災害援助金

⑤　収入金額の計算方法

　　農業収入金額は、次の式によって算定します

　　農業収入金額＝対象農産物等の販売金額＋事業消費金額＋（期末棚卸高－期首棚卸高）

　　所得税法における収入算定方法に倣った方法となります。ただし、家事消費金額は自家消費で販売を目的としたものではないので、販売収入の計算に含めません。

（4）　収入保険による補填金

　　当年の収入が原則として 90％（保険方式補償限度額 80〜50％［10％単位で選択］＋積立方式の補償幅 10％or 5 ％）を下回った場合に補償限度額を下回った額の 90％（支払率 90〜50％［10％単位で選択］）の補填金が支払われます。補償限度額から 10％、つまり、基準収入の 20％（原則）までの下落分であれば積立方式の補填金として補填され、基準収入の 20％(原則)を超える下落分は保険金として補填されます。

　　ただし、補償限度額が 90％となるのは、申込みの日の属する年又は事業年度までの過去５年間の青色申告期間（申込時点で４年以上の青色申告実績）がある場合です。青色申告期間に応じて補償限度額は次の通りとなります。

- ○　青色申告期間５年（申込時点の実績４年）:90％（保険方式の補償限度額 80％）
- ○　青色申告期間４年（申込時点の実績３年）:88％（保険方式の補償限度額 78％）
- ○　青色申告期間３年（申込時点の実績２年）:85％（保険方式の補償限度額 75％）
- ○　青色申告期間２年（申込時点の実績１年）:80％（保険方式の補償限度額 70％）

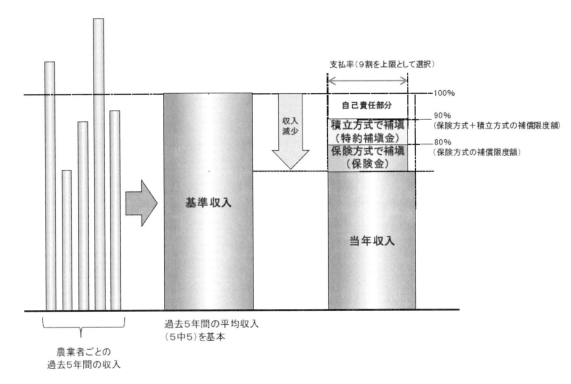

(注) 5年以上の青色申告実績がある者が、補償限度9割(保険8割＋積立1割)を選択した場合

　なお、保険料は危険段階別に設定されることとなっており、保険金の受領が少ない者の保険料率は段階的に引き下げられます。このため、保険金を請求するかどうかは任意で、基準収入の20％（原則）を超える販売収入の下落があっても、保険方式の保険金を受け取らずに積立方式の補填金のみを受け取ることができます。

　基準収入が1,000万円の農業者が、補償限度90％（保険方式80％＋積立方式10％）、支払率90％を選択した場合の補填金額の試算は次のとおりです。

補填金額

収入減少の程度 （当年収入）	補填金 の合計	保険金	積立金	補填金を含めた 当年収入 （対基準収入）
30％（700万円）	180万円	90万円	90万円	880万円（88％）
50％（500万円）	360万円	270万円	90万円	860万円（86％）
100％（ 0万円）	810万円	720万円	90万円	810万円（81％）

　また、2020年から保険料の安いタイプが設けられ、保険方式の補償の下限を選択することができるようになります。

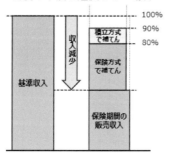

基本のタイプ

補償の下限を選択しない場合

（注）５年以上の青色申告実績がある者の場合

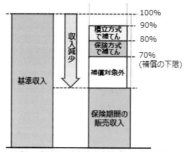

補償の下限を設けたタイプ

基準収入の70％を補償の下限として選択した場合

（注）５年以上の青色申告実績がある者の場合

⚠ 保険料は、基本タイプに比べて約４割安くなります。

	保険料	積立金	付加保険料	補てん金
基本タイプ	8.5万円	22.5万円	2.2万円	最大810万円
補償の下限70%	4.7万円	22.5万円	1.9万円	最大180万円

(5) 収入保険の積立金・保険料

保険料・積立金の計算方法は、次の通りです。

① 保険料

＝基準収入×保険方式の補償限度（上限 80%）×支払率（上限 90%）×保険料率

② 積立金

＝基準収入×補償幅（上限 10%）×支払率（上限 90%）×25%

基準収入が 1,000 万円の農業者が、補償限度 90%（保険方式 80%＋積立方式 10%）、支払率 90% を選択した場合の試算は次のとおりです。

保険料は、 84,888 円（保険料率 1.179% の場合）

積立金は、225,000 円

付加保険料（加入 1 年目）は、22,320 円

合計 332,208 円

なお、保険料は掛捨てになりますが、積立金は自分のお金であり、補填に使われない限り、翌年に持ち越されます。

(6) 収入保険に係る会計処理

収入保険制度では、保険金等は、保険期間の翌年又は翌事業年度の確定申告後に支払われますが、これら保険金等の見積額は保険期間の収入となります。このため、保険金等が支払われる場合は保険金等を見積もって保険期間の事業年度（年）で収益計上しなければなりません。

① 保険料・事務費の支払い

基準収入 1 億円に対して、保険料 848,880 円（国庫補助後の保険料率 1.179%）、積立金 2,250,000 円、事務費 182,700 円(4,500 円[1 経営体]＋22 円[補填金 1 万円当り])を支払ったとき：

借方科目	税	金額	貸方科目	税	金額
共済　掛金	非	1,031,580	普通　預金	不	3,281,580
経営保険積立金	不	2,250,000			

収入保険の事務費は付加保険料として扱われますので、保険料と同様に共済掛金（消費税非課税）に含めます。

なお、保険料及び事務費は、保険期間の必要経費（個人の場合）又は損金（法人の場合）に計上するのが原則ですが、保険期間の開始前に保険料・事務費を支払っても法基通 2 − 2 − 14（短期の前払費用）の適用により、支払った時の損金（必要経費）に算入できます。

②　保険金等の見積計上

基準収入１億円に対して30％の減収となったため保険金等を見積もり計上したとき：

借方科目	税	金額	貸方科目	税	金額
未　決　算	不	15,750,000	収入保険補塡収入	不	15,750,000

　　900万円（特約補塡金）×75％（国庫補助相当分）＋900万円（保険金）＝1,575万円

③　保険金等の請求・通知

保険金等の支払いの請求に対して保険金等の支払い（見積額より１万円増）の通知があったとき：

借方科目	税	金額	貸方科目	税	金額
未収入金	不	15,760,000	未　決　算	不	15,750,000
			雑　収　入	不	10,000

　　上記の保険金等通知時の仕訳を省略して、入金時に「未決算」を相手勘定として経理する方法も認められます。

④　保険金等を含む補塡金の入金

収入保険の補塡金が入金となったとき：

借方科目	税	金額	貸方科目	税	金額
普通　預金	不	18,010,000	未収入金	不	15,760,000
			経営保険積立金	不	2,250,000

　　保険金等通知時の仕訳を省略した場合は、上記仕訳の「未収入金」を「未決算」とします。

11. 従事分量配当

(1) 従事分量配当とは

　農事組合法人の配当には、利用分量配当、従事分量配当、出資配当の３種類があります。このうち従事分量配当は、農事組合法人が、その組合員に対してその者が農事組合法人の事業に従事した程度に応じて分配する配当です。農業の経営により生じた剰余金の分配であり、農業経営の事業（２号事業）に対応する配当です。協同組合等に該当する農事組合法人が支出する従事分量配当の金額は、配当の計算の対象となった事業年度の損金の額に算入します（法法60の2）。

　従事分量配当における「従事の程度」とは、単に時間だけで評価するのでなく、作業の質をも考慮すべきであり、作業の種類に応じて従事分量配当の単価を変えることは可能です。農事組合法人定款例においても、従事した日数だけでなく「その労務の内容、責任の程度等に応じて」従事分量配当を行うものとしています。

　また、農事組合法人が複数の作目などによる農業経営の事業を行う場合において、部門別の損益の範囲内で従事分量配当を行うため、部門別の損益を明らかにしたうえで、それぞれの従事者に対して作目別の従事分量配当の単価を変えることも、農協法上、とくに問題はなく、税務上も損金算入が認められると考えられます。

　農事組合法人は、組合員に確定給与を支給する場合には普通法人、確定給与を支給しない場合には協同組合等となります。農事組合法人が協同組合等に該当する場合、従事分量配当は法人の損金の額に算入されますが、分配を受けた組合員等の側で事業所得（農業所得）として課税される点に注意が必要です。

表27. 利用分量配当と従事分量配当の比較

配当種類	事業	農協法第72条の8	配当対象剰余金	対象外剰余金
利用分量配当（事業分量配当）	一号事業	農業に係る共同利用施設の設置・農作業の共同化に関する事業	協同組合等と組合員との取引等により生じた剰余金	固定資産の処分等、自営事業を営む協同組合等の当該自営事業から生じた剰余金
従事分量配当	二号事業	農業の経営	農業等の経営により生じた剰余金	固定資産の処分等により生じた剰余金

(2) 協同組合等とは

　農事組合法人は、いわゆる「確定給与」を支給しない場合に限って、協同組合等として取り扱われます。つまり、給与制を選択した場合には普通法人、従事分量配当制（無配当の場合を含む。）を選択した場合には協同組合等となります。給与制と従事分量配当制のいずれを採用するかは、事業年度ごとに選択することができます。給与制から従事分量配当制への変更する場合は、「異動届出書」の「異動事項等」欄に「法人

区分の変更」と記載のうえ、異動前を「普通法人」、異動後を「協同組合等」とし、異動年月日には総会決議の日付を記載します。この際、今年度について従事分量配当制を選択する旨を通常総会で決議し、その議事録を添付します。

　法人税基本通達 14-2-4 において、「その事業に従事する組合員には、これらの組合の役員又は事務に従事する使用人である組合員を含まないから、これらの役員又は使用人である組合員に対し給与を支給しても、協同組合等に該当するかどうかの判定には関係がない」としています。このため、たとえば役員である組合員に対して、役員としての役割に役員報酬を支給したうえで、現場における生産活動に従事した程度に応じて別途、従事分量配当を行うことが可能です。

　しかしながら、現場における生産活動に対する報酬を含んだ相当の額の役員報酬を支給しているため、通常の年はその役員に対して従事分量配当を支給していないにもかかわらず、利益の額が大きくなった特定の事業年度について、さらに同一人に対して従事分量配当を行った場合には、利益調整目的と認定されて否認されるおそれがあります。

(3)　従事分量配当の対象となる剰余金

　農事組合法人の従事分量配当は、給料等を支給しない生産組合である協同組合等を共同事業体とみてその組合員である個人の所得税の課税上事業所得又は山林所得として取り扱うこととの関連から協同組合等の所得の金額の計算上損金の額に算入するものです。このため、従事分量配当は、その剰余金が農業経営により生じた剰余金から成る部分の分配に限られます。

　したがって、固定資産の処分等により生じた剰余金は、個人の所得の課税上譲渡所得となるため、従事分量配当の対象とはなりません。また、固定資産の減失等により受け取る保険金による剰余金は、個人の所得の課税上非課税所得となるため、従事分量配当の対象となりません。

　一方、災害による農畜産物の損害を補償する共済金、経営所得安定対策など諸外国との生産条件の格差や農産物の価格下落による販売収入の減少を補填する交付金等は、農業収入に代わるものであり、農業経営を行うことを要件として交付されるものであることから、農業経営により生じた剰余金に含まれます。

　農業経営による剰余金が生じない場合、従事分量配当を行うことはできません。このため、従事分量配当制を採用しようとしている場合であっても、設立初年度で売上高がないなどの理由で剰余金が生じない見込みのときは、初年度などに限って給与制とするかまたは定額の作業委託費により組合員に作業委託する方法が考えられます。ただし、作業委託費のような費用は、従事分量配当と異なり、事業年度終了の日までに債務の確定しない場合には、損金算入されませんので、債務確定をめぐって問題が

生じないよう、できる限り期末までに作業委託費の支払いを完了する必要があります。なお、作業委託費を支払った結果、剰余金が生じたとしても、その事業年度については、作業委託の対象となった同一の作業を対象としてさらに従事分量配当を行うことはできません。

(4)　従事分量配当の対象となる作業

農業の経営の事業とは、単なる農作業のみを指すものではなく、その経理事務に専念する者があっても、これも農業の経営に従事する者と解されます。このため、現場における生産活動だけでなく、経理等の事務や経営計画・作付計画の作成、作業分担指示も農業経営の事業の範囲であり、その事業に従事した組合員に従事分量配当を支払うことができます。

(5)　法人税の留意事項

法人税申告書の別表４「当期利益又は当期欠損の額(1)・処分・社外流出・その他」欄に金額を記入するとともに、別表４の減算欄に「従事分量配当の損金算入額」と記載のうえ金額を記入します。

明細書の添付は不要です。以前は明細書として、別表９（1）「（前略）協同組合等の事業分量配当等の損金算入に関する明細書」がありましたが、平成 23 年度税制改正（12 月改正）により、協同組合等の事業分量配当等の損金算入制度について当初申告における損金算入に関する明細の記載要件が廃止されました。このため、協同組合等の事業分量配当等の損金算入に関する明細書は記載不要となりました。

(6)　消費税の留意事項

従事分量配当は 、①定款に基づいて行われるものであること、②役務の提供の対価としての性格を有すること ―― から、課税仕入れに該当するという見解が国税庁から示されました。従事分量配当についても、消費税法基本通達 11-3-1（課税仕入れを行った日の意義）及び消費税法基本通達 9−6−2（資産の譲渡等の時期の別段の定め）により、役務の提供を受けた日、すなわち、配当を支払った事業年度ではなく配当の計算の対象となった事業年度の課税仕入れとすることになります。ただし、消費税のインボイス制度の実施により、免税事業者の組合員に支払う従事分量配当については、経過措置を経て、仕入税額控除ができなくなります。従事分量配当は、事業年度を単位とする役務の提供に係る対価として、農事組合法人の事業年度終了の時に役務提供が完了したものとして仕入税額控除を適用しますので、2023 年 10 月以降に終了する事業年度からインボイス制度の影響を受けます。

図３．従事分量配当の課税仕入れの時期

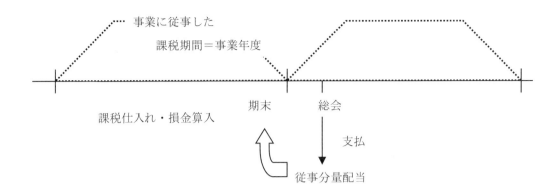

(7)　所得税の留意事項

　　従事分量配当は、分配を受けた組合員等の側で事業所得、原則として農業所得として課税されます。

　　事業分量配当又は従事分量配当に該当しない剰余金の分配は、組合員等については配当に該当するものとされています（法人税基本通達 14-2-1）。とくに、従事分量配当相当額が配当所得として取り扱われた場合、法人の損金に算入されないだけでなく、所得税を源泉徴収しなければなりません。このため、従事分量配当が事後的に否認されて配当所得とみなされた場合、農事組合法人は、法人税と源泉所得税の両方を追徴され、本税に加えて加算税・延滞税が課税されることとなるので注意が必要です。

　　従事分量配当は農事組合法人の通常総会において剰余金処分の決議があった日に収入金額が確定します。人的役務の提供による報酬を役務の提供の程度等に応じて収入する特約がある場合におけるその役務の提供の程度等に対応する報酬については、その特約によりその収入すべき事由が生じた日とされています。このため、従事分量配当は、通常総会における剰余金処分の決議があった日において収入すべき事由が生ずることになりますので、総会の決議があった日を収入すべき時期とするのが原則です。

　　しかしながら、従事分量配当の仮払いをしている場合には、仮払いをした時点で収入金額に計上することも実務的に広く行われています。また、人的役務の提供（請負を除く。）による収入金額については、本来、その人的役務の提供を完了した日が収入すべき時期となります。このため、仮払金を実際に受領した年分の収入金額とすることも、継続適用を条件に認められると考えられます。この場合において従事分量配当金として確定した額が仮払金の額と異なるときは、その差額を確定した時点の収入金額（または必要経費）に計上することになります。

(8)　会計の方法

①　剰余金処分による配当

　　通常総会の日付で次の仕訳を行います。

借方科目	税	金額	貸方科目	税	金額
繰越利益剰余金	課※	3,000,000	未払配当金	不	3,000,000

※　配当の計算の対象となった事業年度の課税仕入れとなるので、支出した事業年度においては不課税とします。

　　なお、消費税の本則による課税事業者が税抜経理方式により経理処理を行う場合において、配当の計算の対象となった事業年度の課税仕入れとするときは、従事分量配当に係る消費税額分納税額が減ることによって雑収入が生じ、その分、税引前当期純利益が増えることになります。

②　仮払配当金

a）　仮払配当金とは

　　従事分量配当見合いとして支給した金額です。

　　農事組合法人が従事分量配当制を採る場合において、その事業に従事する組合員に対してその事業年度の剰余金処分によりその従事分量配当金が確定するまでの間、従事分量配当金として確定すべき金額を見合いとして金銭を支給して仮払配当金として経理することが認められています。

　　仮払配当金は、従事する作業の種類ごとに事前に決めておいた単価によって支払います。ただし、仮払いの単価と確定単価が異なっても構いませんので、低めの単価で仮払いをしておき、確定単価を上乗せして剰余金処分の際に追加払いすることもできます。

b）　会計の方法

　　（期中の仮払時）

　　期中において、従事分量配当金の仮払金として600万円を支給した。

借方科目	税	金額	貸方科目	税	金額
仮払配当金	不	6,000,000	普通預金	不	6,000,000

　　（総会の決議時）

　　農事組合法人において、当期剰余金　1,500万円のうち10分の1に相当する150万円を利益準備金として積み立て、残額のうち従事分量配当金として1,200万円（期中に支給して仮払経理した金額600万円）を配当することした。

借方科目	税	金額	貸方科目	税	金額
繰越利益剰余金	不	13,500,000	利益準備金	不	1,500,000
			仮払配当金	不	6,000,000
			未払配当金	不	6,000,000

12. 事業と消費税

（1） 消費税とは

　　消費税は、消費一般に広く公平に課税する間接税で、最終的な税の負担者を消費者とし、納税義務者を事業者とするものです。

　　消費税は、生産及び流通のそれぞれの段階で、商品や製品などが販売される都度その販売価格に上乗せされてかかります。消費税の税率は、地方消費税を合わせて10％（軽減税率及び2019年9月以前は8％）です。しかし、事業者による納付税額は、販売価格に上乗せされた消費税そのものではなく、課税期間ごとに売上げに対する税額から仕入れに含まれる税額を差し引いて計算します。生産、流通の各段階で二重、三重に税が課されることのないよう、課税売上げに係る消費税額から課税仕入れ等に係る消費税額を控除し、税が累積しない仕組みとなっています。

図4．消費税の負担と納付の流れ

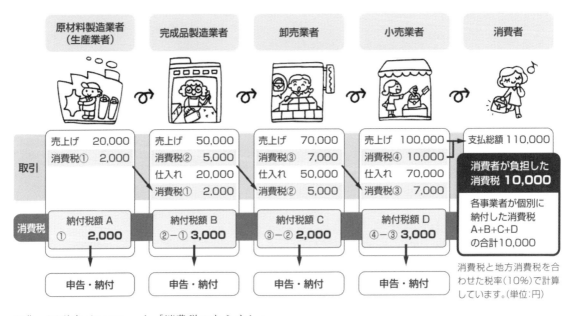

出典：国税庁パンフレット「消費税のあらまし」

　　消費税は、課税売上げに係る消費税額から課税仕入れ等に係る消費税額を控除して計算するのが基本です。このような計算方法による納税を「一般課税」（または「本則課税」）と呼んでいますが、これとは別に、中小事業者の事務負担を軽減するため、簡易課税制度が設けられています。

　　一方、事業者から見れば、消費税は事業者が生み出した付加価値に課税されるものと考えることができます。付加価値は、企業が事業活動による生産額（売上高）から、

その企業が購入した原材料などの中間投入物を差し引いて表します。具体的に、付加価値は、企業の利潤のほか、賃金、利子、地代、家賃などに分けることができます。各段階で付加された付加価値の合計は、最終生産財の価格に等しくなります。消費税の簡易課税制度は、企業が購入した原材料などの額を、実際の購入額ではなく、業種ごとに定められたみなし仕入率によって計算して、付加価値の金額を計算して課税するものと考えることができます。

(2) 消費税の課税対象

　消費税の課税対象は、①国内において事業者が事業として対価を得て行う資産の譲渡等（国内取引）と、②保税地域から引き取られる外国貨物（輸入取引）で、国外で行われる取引は課税対象になりません。

　取引のうち、①対価を得ずに行う取引など課税対象の要件に合致しないもの（＝不課税取引）、②課税対象の要件に合致するもののＡ消費に負担を求める消費税の性格からみて課税対象としてなじまないもの、Ｂ社会政策上の配慮により課税すべきでないものとして消費税を課税しないこととしたもの（＝非課税取引）― には消費税が課税されません。

図5. 消費税の課税取引の概念図

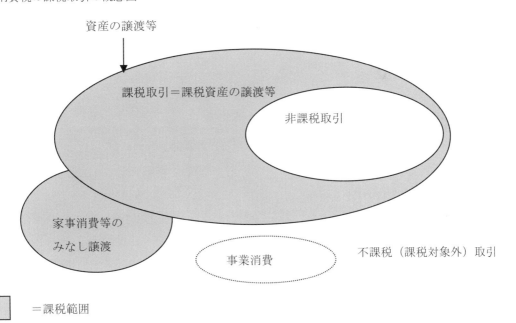

=課税範囲

① 不課税取引

　消費税の課税の対象は、国内において事業者が事業として対価を得て行う資産の譲渡等と輸入取引です。これに当たらない取引を一般的に不課税取引といいます。

　　　不課税取引とは、国外取引のほか、国内取引のうち対価を得て行うことに当たらないもの、例えば、保険金・共済金、国や地方公共団体から受ける補助金・交付金、贈与（受贈益）、出資配当などがこれに当たります。

②　非課税取引

　　　消費税の消費一般に広く公平に負担を求める税の性格からみて、課税対象になじまないものや社会政策的な配慮から課税することが適当でない取引があります。これを非課税取引といいます。

　　　非課税取引について、具体的には、表28に掲げる取引があります。

表28. 非課税となる国内取引

Ａ．税の性格から課税対象とすることになじまないもの
①　土地（土地の上に存する権利を含む）の譲渡及び貸付け（一時的に使用させる場合を除く）
②　有価証券、有価証券に類するもの及び支払手段（収集品及び販売用のものを除く）の譲渡
③　利子を対価とする貸付金その他特定の資産の貸付け、保険料を対価とする役務の提供等
④-1 郵便切手類、印紙及び証紙の譲渡
④-2 物品切手等の譲渡
⑤-1 国、地方公共団体等が、法令に基づき徴収する手数料等に係る役務の提供
⑤-2 外国為替業務に係る役務の提供
Ｂ．社会政策的な配慮に基づくもの
⑥　公的な医療保障制度に係る療養、医療、施設療養又はこれらに類する資産の譲渡等
⑦-1 介護保険法に基づく、居宅・施設・地域密着型介護サービス費の支給に係る居宅・施設・地域密着型サービス等
⑦-2 社会福祉法に規定する社会福祉事業等として行われる資産の譲渡等
⑧　医師、助産師その他医療に関する施設の開設者による助産に係る資産の譲渡等
⑨　墓地、埋葬等に関する法律に規定する埋葬・火葬に係る埋葬料・火葬料を対価とする役務の提供
⑩　身体障害者の使用に供するための特殊な性状、構造又は機能を有する物品の譲渡、貸付け等
⑪　学校、専修学校、各種学校等の授業料、入学金、施設設備費等
⑫　教科用図書の譲渡
⑬　住宅の貸付け

③　課税売上げと課税仕入れ

a）　課税売上げ

　　　課税取引に該当する資産の譲渡等を一般に「課税売上げ」と呼んでいます。

b）　課税仕入れ

　　　事業者が、事業として他の者から資産を譲り受け、若しくは借り受け、又は役務の提供を受けることを「課税仕入れ」といいます。ただし、給与等を対価とする役務の提供は課税仕入れになりません。具体的には、商品・原材料の仕入れや機械施設等の事業用資産の購入・賃借、事務用品の購入、賃加工や運送等のサービス提供を受けることなどがあります。なお、免税事業者や消費者からの商品や中古品等の仕入れも課税仕入れに該当します。

　　　一方、土地の購入や賃借、株式や債権の購入、利子や保険料の支払などの非課税取引、給与、税金の支払など不課税取引は、課税仕入れに該当しません。

(3)　納税義務者

　国内取引の納税義務者は、事業として資産の譲渡や貸付け、役務の提供を行った事業者です。この事業者とは、個人事業者と法人をいいます。

①　事業者免税点制度

　消費税には事業者免税点が設けられており、基準期間の課税売上高が 1 千万円以下の事業者は消費税の納税義務が免除されます。基準期間とは、個人事業者の場合は前々年、法人の場合は原則として前々事業年度になります。

　この課税売上高は、輸出取引なども含めた消費税の課税取引の総額から返品を受けた金額や売上値引き、売上割戻しなどを差し引いた金額で、消費税額と地方消費税額は含まないこととされています。また、課税売上高の計算において委託販売手数料を控除することができます（消基通 10－1－12）。なお、基準期間が免税事業者の場合は、その基準期間である課税期間中の課税売上高には、消費税が課税されていませんから、税抜きの処理を行わない売上高で判定します。

　このため、新規設立された法人は、設立第 1 期と第 2 期について、基準期間がありませんので、原則として納税義務が免除されます。

a）　新設法人の納税義務の特例

　その事業年度の基準期間がない法人のうち、その事業年度開始の日における資本金の額又は出資の金額が 1,000 万円以上である法人については、その基準期間がない事業年度における課税資産の譲渡等について納税義務を免除しないこととする特例が設けられています（消法 12 の 2）。

b）　納税義務の免除の特例

　2013 年 1 月 1 日以後に開始する年又は事業年度については、その課税期間の基準期間における課税売上高が 1,000 万円以下であっても特定期間における課税売上高が 1,000 万円を超えた場合、当課税期間から課税事業者となります。ただし、特定期間における 1,000 万円の判定は、課税売上高に代えて、給与等支払額の合計額により判定することもできます。

　なお、特定期間とは、個人事業者の場合は、その年の前年の 1 月 1 日から 6 月 30 日までの期間をいい、法人の場合は、原則として、その事業年度の前事業年度開始の日以後 6 か月の期間をいいます。

c）　特定新規設立法人に係る事業者免税点制度の不適用制度

　2014 年 4 月 1 日以後に設立される特定新規設立法人については、当該特定新規設立法人の基準期間のない事業年度に含まれる各課税期間における課税資産の譲渡等について、納税義務が免除されないこととなりました。

　特定新規設立法人とは、その事業年度の基準期間がない法人で、その事業年度

開始の日における資本金の額又は出資の金額が 1,000 万円未満の法人（新規設立法人）のうち、次の(a)、(b)のいずれにも該当するものです。

(a)　その基準期間がない事業年度開始の日において、他の者により当該新規設立法人の株式等の 50%超を直接又は間接に保有される場合など、他の者により当該新規設立法人が支配される一定の場合（特定要件）に該当すること

(b)　上記(a)の特定要件に該当するかどうかの判定の基礎となった他の者及び当該他の者と一定の特殊な関係にある法人のうちいずれかの者（判定対象者）の当該新規設立法人の当該事業年度の基準期間に相当する期間（基準期間相当期間）における課税売上高が 5 億円を超えていること

② 課税事業者の選択

免税点以下の事業者であっても、選択により課税事業者となることもできます。この場合は、原則として課税事業者になろうとする課税期間の前課税期間中に「消費税課税事業者選択届出書」を提出することが必要です。

なお、一度この届出書を提出すると最低 2 年間は課税事業者のままでいなくてはならないこととされています。

a)　新設法人又は課税事業者を選択した場合における第 3 年度の課税期間の納税義務及び簡易課税制度の不適用

2010 年 4 月 1 日以後に設立された法人は、基準期間がない事業年度に含まれる各課税期間（簡易課税制度の適用を受ける期間を除きます。）中に調整対象固定資産の課税仕入れや調整対象固定資産に該当する課税貨物の保税地域からの引取りを行った場合には、その調整対象固定資産の仕入れ等の日の属する課税期間の初日から原則として 3 年間は免税事業者となることはできません（消法 9 ⑦、消法 12 の 2 ②）。また、簡易課税制度を適用して申告することもできません（消法 37 ②）

なお、調整対象固定資産とは、棚卸資産以外の資産で、建物、構築物、機械及び装置、船舶、航空機、車両及び運搬具、工具、器具及び備品、鉱業権その他の資産で、税抜き 100 万円以上のものをいいます（消法 2 ①十六、消令 5）。

例えば、資本金 1 千万円の株式会社を設立し、初年度に調整対象固定資産を購入した結果、消費税の還付を受けているような場合には、第 3 期（初年度が 1 年未満の場合には第 4 期）まで課税事業者（一般課税）になることが確定します。また、初年度に調整対象固定資産の購入がなく、2 年度に同資産を購入している場合には、第 4 期まで課税事業者（一般課税）になることが確定します。

(4) 簡易課税制度

① 簡易課税制度のしくみ

　簡易課税制度とは、その課税期間における課税標準額に対する消費税額を基にして仕入控除税額を計算する制度です。具体的には、その課税期間における課税標準額に対する消費税額にみなし仕入率を掛けて計算した金額を仕入控除税額とみなします。

　これは、煩雑な課税仕入れ等の判定を行わずに済むよう、中小企業者の事務負担に配慮したものです。このため、簡易課税制度では、実際の課税仕入れ等の税額を計算することなく、課税売上高のみから納付税額を計算することができます。

② 一般課税と簡易課税の違い

a) 消費税の納付税額

　一般課税と簡易課税の消費税の納付税額の違いは、次のとおりです。

（a）　一般課税

　課税売上げに係る消費税額から課税仕入れ等に係る消費税額を控除して、納付する消費税額を計算します。

　納付税額＝課税売上げに係る消費税額－課税仕入れ等に係る消費税額（実額）

（b）　簡易課税

　課税売上げに係る消費税額に、事業に応じた一定の「みなし仕入率」を掛けた金額を課税仕入れ等に係る消費税額とみなして、納付する消費税額を計算します。実際の課税仕入れ等に係る消費税額を計算する必要はなく、課税売上高のみから納付する消費税額を算出することができます。

　納付税額＝課税売上げに係る消費税額－<u>課税売上げ</u>に係る消費税額×みなし仕入率

b) 還付の有無

（a）　一般課税

　仕入控除税額（課税仕入れ等に係る消費税額）が課税売上げに係る消費税額より多い場合は、申告により、控除できない消費税額（差額）の還付が受けられます。

（b）　簡易課税

　簡易課税制度の適用を選択している事業者は、実額の課税仕入れ等に係る消費税額が課税売上げに係る消費税額より多く、簡易課税制度を適用しないで仕入控除税額を計算すれば還付となる場合でも、還付を受けることはできません。

c) 帳簿の記載等経理手続きの違い

（a）　一般課税

　課税仕入れ等に係る消費税額の控除を受けるためには、課税仕入れ等の事実を

　　記録した帳簿及び課税仕入れ等の事実を証する請求書等の両方の保存が必要となります。

（b）　簡易課税

　　2 種類以上の事業を営む事業者が仕入控除税額を計算する場合は、課税売上高をそれぞれの事業ごとに区分する必要があります。

③　簡易課税制度の事業区分

　　簡易課税制度では、事業形態により、第一種事業から第六種事業までの 6 つの事業に区分します。仕入税額控除の計算において、それぞれの事業の課税売上高に対し、たとえば、第三種事業については 70%、第四種事業については 60% のみなし仕入率を適用して仕入控除税額を計算します。

　　みなし仕入率の適用を受けるそれぞれの事業の意義は、表 29 のとおりです。

　　事業者が行う事業が第一種事業から第六種事業までのいずれに該当するかの判定は、原則として、その事業者が行う課税売上げ（課税資産の譲渡等）ごとに行います。

表 29. 消費税の簡易課税制度の事業区分とみなし仕入率

事業区分	率	対象事業	農業の留意点
第一種事業	90%	卸売業（他の者から購入した商品をその性質、形状を変更しないで他の事業者に対して販売する事業）	事業者への農畜産物の仕入販売
第二種事業	80%	小売業（他の者から購入した商品をその性質、形状を変更しないで販売する事業で第一種事業以外のもの）軽減税率が適用される農林漁業	消費者への農畜産物の仕入販売 2019 年 10 月以降
第三種事業	70%	軽減税率が適用されない農林漁業、製造業ほか	副産物、加工品含む
第四種事業	60%	飲食店業、加工賃等よる役務提供、固定資産の売却	農作業受託、生物の売却
第五種事業	50%	サービス業	
第六種事業	40%	不動産業(注)	アパート賃貸は非課税

注. 2015 年 4 月 1 日以後に開始する課税期間から、簡易課税制度のみなし仕入れ率について、改正前の第四種事業のうち、金融業及び保険業を第五種事業とし、そのみなし仕入率を 50%（改正前 60%）とするとともに、改正前の第五種事業のうち、不動産業を第六種事業とし、そのみなし仕入率を 40%（改正前 50%）とすることとされた。

④ 簡易課税制度の適用

　　基準期間の課税売上高が 5 千万円以下で、「消費税簡易課税制度選択届出書」を事前に提出している事業者は、簡易課税制度の適用を受けます。

　　簡易課税制度の適用を受けるには、その課税期間の開始の日の前日まで（事業を開始した課税期間等であればその課税期間中）に「消費税簡易課税制度選択届出書」を提出する必要があります。なお、簡易課税制度選択届出書を提出している場合であっても、基準期間の課税売上高が 5 千万円を超える場合には、その課税期間については簡易課税制度が適用されません。

　　簡易課税制度の適用をとりやめて実額による仕入税額の控除を行う（一般課税に戻す）場合には、原則として、その課税期間の開始の日の前日までに「消費税簡易課税制度選択不適用届出書」を提出する必要があります。ただし、簡易課税を選択した事業者は、原則として、2 年間は一般課税に戻すことができません。

⑤ 農業における簡易課税制度選択の有利・不利

　　耕種農業のうち果樹や園芸については、一般に、課税売上高に対する実際の課税仕入れの割合がみなし仕入率（軽減税率適用 80%、他 70%）よりも低いため、簡易課税制度を選択した方が有利です。一方、耕種農業のうち水田農業など土地利用型農業では、収入において交付金など不課税収入が大きいため、一般課税が有利になることが多いほか、畜産農業では、一般に、一般課税の方が有利になります。ただし、酪農の場合には、一般課税が有利な場合と簡易課税が有利な場合とがあります。

　　なお、通常の年では簡易課税が有利な場合であっても、設備投資をした年には、設備投資も課税仕入れとなるため、一般課税が有利になる場合もあります。簡易課税制度の適用を受けている事業者が設備投資をする場合には、一般課税に戻した方が有利かどうか、必ず検討してください。

(5)　一般課税における仕入控除税額の計算

　　一般課税においては、事業者が申告・納付する消費税額は、その課税期間中の課税売上げに係る消費税額から課税仕入れ等に係る消費税額を控除して計算します。このように、課税仕入れ等に係る消費税額を控除することを「仕入税額控除」といいます。一般課税では、課税仕入れ等に係る消費税額が課税売上げに係る消費税額を上回る場合、控除不足額が還付されます。

①　仕入控除税額の計算の原則

　　仕入税額控除制度は、税の累積を排除する観点から設けられた制度ですので、課税仕入れ等に係る消費税額については、原則として、課税売上げに対応するもののみが仕入税額控除の対象になり、非課税売上げに対応する課税仕入れ等に係る消費税額は仕入税額控除の対象とはなりません。このため、非課税売上げも含めた売上げの合計額に占める課税売上げの割合を「課税売上割合」とし、次のいずれかの方法で仕入控除税額を計算するのが原則となっています。ただし、これまでは、課税売上割合が95％以上である場合、全額を仕入税額控除の対象とすることができました（95％ルール）。

$$課税売上割合　=　\frac{課税売上高（税抜課税売上高＋免税売上高）}{総売上高（税抜課税売上高＋免税売上高＋非課税売上高）}$$

（ア）　個別対応方式

　　仕入控除税額

＝課税売上対応分に係る消費税額＋（共通対応分に係る消費税額×課税売上割合）

（イ）　一括比例配分方式

　　仕入控除税額

＝その課税期間中の課税仕入れに係る消費税額の合計額×課税売上割合

　　平成23年6月の消費税法の改正により、「95％ルール」の適用要件の見直しが行われ、当該課税売上高が5億円を超える事業者については、課税売上割合が95％以上であっても、仕入控除税額の計算に当たって個別対応方式か一括比例配分方式のいずれかの方法で計算することになりました。この改正は、2012年4月1日以後に開始する課税期間から適用されています。

②　特定収入がある場合の仕入控除税額の特例

　　消費税の納税額は、その課税期間中の課税売上げに係る消費税額からその課税期間中の課税仕入れ等に係る消費税額（仕入控除税額）を控除して計算します。

　　しかしながら、国若しくは地方公共団体の特別会計、公共法人、公益法人等又は人格のない社団等などの仕入控除税額の計算においては、一般の事業者とは異なり、補

助金、会費、寄附金等の対価性のない収入を「特定収入」として、これにより賄われる課税仕入れ等の消費税額を仕入控除税額から控除する調整が必要です。

　公益法人等や人格のない社団等が一般課税により仕入控除税額を計算する場合で、特定収入割合が５％を超えるときは、通常の計算方法によって算出した仕入控除税額から一定の方法によって計算した特定収入に係る課税仕入れ等の消費税額を控除した残額をその課税期間の仕入控除税額とします。

$$特定収入割合 \ = \ \frac{特定収入}{総売上高＋特定収入}$$

　ただし、公益法人等や人格のない社団等が簡易課税制度を適用している場合又は特定収入割合が５％以下である場合には、この仕入控除税額の調整をする必要はなく、通常の計算方法によって算出した仕入控除税額の全額がその課税期間の仕入控除税額となります。

(6)　消費税の経理

①　勘定科目別の消費税課税の有無

　消費税の課税事業者となる農業者・農業法人は、所得税・法人税だけでなく、消費税を意識して経理する必要があります。損益計算書の勘定科目には、消費税の課税対象となるものが多数ありますが、受取利息や支払利息、共済掛金のように非課税になるもの、価格補填収入や作付助成収入、国庫補助金収入のように不課税になるものもあります。損益計算書の勘定科目別に消費税が課税されるかどうかは、(公社)日本農業法人協会のホームページ所収の「農業法人標準勘定科目」を参照してください。

　一方、貸借対照表の勘定科目は、消費税の不課税となるものがほとんどですが、土地以外の固定資産や繰延資産、無形固定資産を購入した場合には、消費税が課税されます。所得税や法人税では、固定資産を購入した場合、取得価額がその年の必要経費・損金になるわけではなく、その減価償却費が多年にわたって必要経費・損金になります。これに対して、消費税では、取得した年にその全額を課税仕入れとして経理することになります。

②　消費税の経理方式

　消費税の経理処理については、税抜経理方式と税込経理方式とがあり、どちらの方式を選択してもよいことになっていますが、選択した方式はすべての取引に適用するのが原則です。

　なお、免税事業者は、税込経理方式を適用しなければなりません。

③　帳簿及び請求書の保存等

　一般課税においては、実際の課税仕入れ等の税額により仕入税額控除を計算しますが、仕入税額控除の適用を受けるためには、課税仕入れ等の事実を記載した帳簿及

び請求書等の両方を保存する必要があります。課税仕入れに係るものについての帳簿要件となる記載事項、これに対する記帳の実務対応については、表30のとおりです。

表 30. 帳簿の記載事項とその対応

記載事項	パソコン簿記での対応	摘要欄への記載	備考
課税仕入れの相手方の氏名・名称	相手方の屋号等略称を買掛金勘定の補助科目とする	現金仕入等の場合は相手方の略称を記載	略称及び正式氏名・名称、住所・所在地を記載した取引先名簿を備付(注1)
課税仕入れを行った日	課税仕入れを行った日に発生主義で仕訳を起こす		
課税仕入れの内容	電気料金のように継続的に提供を受ける役務は未払費用勘定の補助科目名とするそれ以外は摘要欄に記入	継続的に提供を受ける役務については役務の内容（補助科目名）に加え「〇月分」と記入それ以外は具体的な資産・役務の内容を記入(注2)	
課税仕入れの対価の額	原則として入力した金額でOKただし、軽油は、軽油引取税相当額を区分	―	

注.
1) 屋号等による記載でも、電話番号が明らかであること等により課税仕入れの相手方が特定できる場合には、正式な氏名又は名称の記載でなくても差し支えない。
2) 一取引で複数の一般的な総称の商品を 2 種類以上購入した場合でも、それが経費に属する課税仕入れであるときは、商品の一般的な総称でまとめて「〇〇等」、「〇〇ほか」のように記載することで差し支えない。

(7) 軽減税率制度

① 軽減税率制度の概要

　消費税等（消費税及び地方消費税）の税率が、2019 年 10 月 1 日に、改正前の 8 ％から 10％に引き上げられ、これと同時に「酒類を除く飲食料品」と「週 2 回以上発行される新聞（定期購読契約に基づくもの)を対象に消費税の軽減税率制度が実施されました。

　軽減税率制度の実施にともない、消費税等の税率は、2019 年 10 月 1 日から軽減税率（8 ％）と標準税率（10％）の複数税率となりました。事業者は、消費税等の申告・納税を行うために、取引を税率の異なるごとに区分して記帳するなどの経理（区分経理）を行う必要があります。2019 年 10 月 1 日以降は、こうした区分経理に対応した帳簿及び請求書等(区分記載請求書等)の保存が要件となります(区分記載請求書等保存方式)。

　軽減税率制度の導入に伴い、平成 30 年度税制改正により、消費税の簡易課税制度について消費税の軽減税率が適用される食用の農林水産物を生産する農林水産業を第 2 種事業とし、みなし仕入率が 80％（軽減税率実施前：70％）となります。

② 軽減税率の対象となる飲食料品の範囲

　軽減税率の対象となるのは、①酒類を除く飲食料品（一定の一体資産を含む）、②週 2 回以上発行される新聞 （定期購読契約に基づくもの）です。このうち、飲食料品とは、食品表示法に規定する食品をいい、人の飲用又は食用に供されるものです。ただし、外食やケータリング等は、軽減税率の対象品目に含まれません。

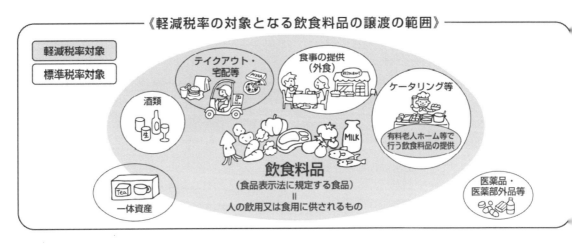

出典：国税庁パンフレット「消費税のあらまし」

　農畜産物の多くは軽減税率の対象品目ですが、観賞用の花卉のように対象品目にならないものもあります。また、肉用子牛のように生体で取引される家畜は軽減税率の対象となりませんが、生体で出荷される肉用牛でも屠畜解体を委託して食肉市場で枝肉として取引されるものは軽減税率の対象となります。なお、食肉市場では枝肉だけでなく内臓原皮も取引されますが、内臓は人の食用に供されるので軽減税率の対象となるのに対して、原皮は対象となりません。このため、軽減税率実施前の販売精算書では、内臓原皮の販売額がまとめて表示されていましたが、軽減税率実施後は内臓と原皮とに分けて販売額を表示することになりました。

表31．農畜産物における軽減税率の対象品目と対象外品目

作目	対象品目＝軽減税率（8%）	対象外品目＝標準税率（10%）
水稲	主食用米、酒米	飼料用米、種もみ
野菜	野菜、食品として販売される野菜の種	栽培用（種苗用）の野菜の種子・苗
果樹	果物	果樹の種子・苗木
花卉	エディブルフラワー、菜花など食品として販売されるもの	観賞用の花卉
畜産	枝肉・内臓	家畜の生体、原皮
酪農	生乳、廃用牛（枝肉として販売されるもの）	子牛、初妊牛、経産牛

③　区分経理と委託販売の総額処理

　軽減税率制度では、売上げや仕入れについて、取引ごとの税率により区分して経理する必要があります。たとえば、家畜を食肉市場で販売した場合、人の食用に供される枝肉や内臓は軽減税率の対象になりますが、原皮は対象となりませんので、軽減税率制度の実施後はこれらを別々の仕訳とすることになります。

　また、これまで消費税法基本通達（委託販売等に係る手数料）10－1－12(1)により、委託販売の委託者は委託販売手数料を控除した残額を委託者における課税売上げとす

る「純額処理」が可能でした。純額処理の場合、課税売上高から委託販売手数料を控除できるので、消費税の事業者免税点の判定や簡易課税の適用で有利になります。ところが、軽減税率制度の導入後は、食料品など軽減税率対象の農産物（消費税率8%）について、委託販売手数料（消費税率 10%）を控除した残額を委託者における課税売上げとすることが認められなくなり、「総額処理」が強制されることになります。その結果、農業の場合、委託販売手数料を控除する前の課税売上げで納税義務を判定することになり、課税事業者が増えることになり、簡易課税制度の適用においても不利になります。

④ インボイス制度の実施

2023 年 10 月から、適格請求書等保存方式（インボイス制度）が実施されます。インボイス制度では、適格請求書及び帳簿の保存が仕入税額控除の要件となります。具体的には、仕入税額控除を適格請求書の税額の積上げ計算によって行うことになりますが、従来通り、取引総額からの割戻し計算の方法も認められます。

インボイスは、登録を受けた課税事業者（インボイス発行事業者）のみが交付をすることができ、インボイス発行事業者には、課税事業者の相手方からの求めに応じてインボイスの交付義務が課せられます。インボイスには、①事業者登録番号、②税率ごとの消費税額及び適用税率を記載しなければなりません。インボイス制度の実施により、免税事業者は適格請求書（インボイス）の交付が認められないため、免税事業者からの課税仕入れについては、原則として仕入税額控除ができなくなります。

免税事業者からの課税仕入れについては、適格請求書等保存方式の導入後 3 年間（2023 年 10 月〜2026 年 9 月）は、仕入税額相当額の80%、その後の 3 年間（2026 年 10 月〜2029 年 9 月）は同 50%の控除ができますが、2029 年 10 月から仕入税額控除が認められなくなります。

第3章　法人化と経営継承

1．法人化に関する税務

(1)　法人化のメリット

①　家族経営の法人化の場合

a)　税務上のメリット

　　　農業経営を法人にする税務上のメリットは、まず、事業主の報酬が給与所得となって給与所得控除が受けられることで所得税が減ることです。また、所得が多い場合、個人の所得税・住民税の税率（課税所得900万円超43%）よりも中小法人の法人税の実効税率（33.6%）が低いため、代表者の役員報酬を抑えて法人に内部留保することで税負担が軽減されます。さらに、肉用牛経営の場合、農地所有適格法人にすることで肉用牛免税の結果生じた欠損金を青色申告欠損金として繰り越すことができます。

b)　その他のメリット

　　　農業経営の法人化には、一般に、表32に掲げるメリット・デメリットがあります。

表32．法人化のメリット・デメリット

区分	項目	メリット	デメリット
ヒト	従業員	法人の看板が人材確保に威力 社会保険・労働保険の適用	社会保険等のコスト増
	後継者	経営の継続性による後継者の確保	廃業が個人と比較して困難
	取引先	取引成立・取引条件での法人の信用力	――
モノ	農地集積	経営の継続性による農地集積の維持	解散が困難
	農地購入	農地中間管理機構による現物出資	出資買取りの個人出資者負担
	農地承継		贈与税納税猶予適用停止の可能性
カネ	制度融資	融資枠の拡大	過剰投資の危険性
	資金調達	出資の募集による資金調達 アグリビジネス投資育成㈱の利用	過剰投資の危険性
	補助金	三戸以上共同法人による補助事業	共同経営による意思決定の遅延
	社会保険	報酬比例の厚生年金受給権獲得	年金保険料の負担増加 従業員保険料の負担
	所得税	代表者報酬の給与所得控除による節税	法人住民税均等割の負担
	消費税	設立2事業年度の消費税免税 機械施設の譲受け等による消費税還付	事業譲渡に伴う消費税負担
	法人税	農業経営基盤強化準備金 肉用牛免税	役員給与の設定による所得税負担
情報	交流	同一志向の経営者との交流	地域の一般農業者との意識の差
	指導	法人協会等による情報提供	―

c） 法人化による資金調達の多様化

法人になれば、融資だけでなく出資や社債（私募債）など資金調達手段の選択肢が広がります。アグリビジネス投資育成㈱では、農業法人の発展をサポートするため、農業法人に出資という形で資金を提供しています。同社は、全農・農林中金などＪＡグループと㈱日本政策金融公庫との出資で設立され、農林水産省が監督する機関です。同社の出資は、財務安定化・対外信用力の強化だけでなく、円滑な事業承継にも活用されており、個人事業を承継する場合に比べて相続税の負担が軽くなることがあります。

② 集落営農の法人化の場合

任意組織の集落営農を従事分量配当制による農事組合法人として法人化すれば、黒字経営が保障されるとともに、消費税が毎事業年度還付になることがあります。また、農地所有適格法人になることで、任意組織では適用されない農業経営基盤強化準備金を活用することができ、法人税の負担を軽減できます。また、組織の内部留保に対する課税について、任意組合（民法上の組合）では構成員個人の所得税として負担する必要がありましたが、法人化によってその分の構成員の所得税負担が減ることになります。

a） 消費税のメリット

集落営農組織とりわけ麦・大豆などの転作受託組織を法人化した場合、消費税の課税売上げとなる農産物代金（品代）は収入全体の一部であり、麦・大豆の収入の大半は水田活用の直接支払交付金や畑作物の直接支払交付金など消費税の課税対象外（不課税）取引になります。こうした法人では課税仕入れが課税売上げを経常的に上回ることになります。

さらに、従事分量配当は、役務の提供の対価としての性格を有することから、消費税の課税仕入れに該当します。このため、労務の提供の対価を従事分量配当により行った場合には、一般に、課税仕入れが課税売上げを経常的に上回ることになります。そのような場合には、消費税の一般課税（本則課税）の適用を受けることにより、毎事業年度、消費税の還付を受けることができます。ただし、消費税のインボイス制度の実施により、免税事業者の組合員に支払う従事分量配当については、経過措置を経て、仕入税額控除ができなくなることに留意してください。

なお、資本金１千万円未満で設立した法人が当初から課税事業者となるには「消費税課税事業者選択届出書」を提出する必要があります。

図６．農事組合法人における消費税の課税取引と法人税の課税所得との関係

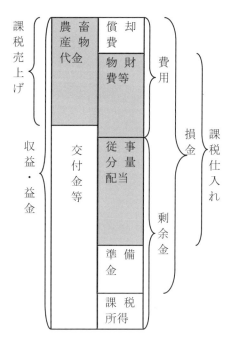

b） 法人税のメリット

　　水田活用の直接支払交付金や畑作物の直接支払交付金などが農業経営基盤強化準備金制度の対象交付金となります。農業経営基盤強化準備金の対象に建物が加えられたことで、集落営農の法人化が税制面から有利になりました。

(2)　法人形態の選択
①　家族経営の法人化の場合

　　法人形態は、出資者が１人でも設立できる株式会社が一般的です。農事組合法人の場合、出資者が３人以上必要となります。ただし、家族経営であっても家族従事者が３人以上いれば、３人以上の家族従事者が出資者となって農事組合法人を設立することができます。農事組合法人には「特殊支配同族会社の役員給与の損金不算入」が適用されなかったため、かつては農事組合法人を選択することもありましたが、この制度が廃止されたため、家族経営で農事組合法人を選択するメリットはほとんどなくなりました。

　　法人で肉用牛免税の適用を受けるには、農地所有適格法人となる必要があります。農地所有適格法人となるには、①法人形態要件、②事業要件、③構成員（出資者）要件、④業務執行役員要件の全てを満たす必要があります。

表 33．法人形態の違いによる制度の違い

		農事組合法人	合同会社	株式会社（非公開会社）（注）
根拠法		農業協同組合法	会社法	
事業		①農業に係る共同利用施設の設置・農作業の共同化に関する事業、②農業経営、③付帯事業	事業一般	
構成員	資格	①農民、②農協・農協連合会、③現物出資する農地中間管理機構、④物資供給・役務提供を受ける個人、⑤新技術の提供に係る契約等を締結する者、⑥アグリビジネス投資育成㈱	制限なし（農地所有適格法人の場合は、農地法により、常時従事者、農地提供者等に制限）	
	数	3 人以上	1 人以上（上限なし）	
構成員である従事者への分配		① 給与（確定給与）② 従事分量配当 のいずれかを年度ごとに選択可	給与のみ	
意思決定		1 人 1 票制による総会の議決	1 人 1 票制	1 株 1 票制
役員の人数		①理事 1 人以上（必置・組合員のみ）②監事（任意・組合員外も可）	業務執行社員	①取締役 1 人以上（必置・株主外も可）②監査役（任意・株主外も可）
役員の任期		3 年以内	制限なし	原則：取締役 2 年・監査役 4 年、10 年まで延長可（特例有限会社は制限なし）
雇用労働力		組合員（同一世帯の家族を含む）外の常時従事者が常時従事者総数の 2/3 以下	制限なし	
資本金		制限なし	制限なし	
決算広告義務		なし	なし	義務あり（特例有限会社はなし）
法人税	税率	① 構成員に給与を支給しない法人（協同組合等）　年所得 800 万円以下　15%　年所得 800 万円超　　19%　② 上記以外（普通法人）右と同じ	資本金 1 億円超の法人　　　※23.2%　資本金 1 億円以下の法人　年所得 800 万円以下　　　　15%　年所得 800 万円超　　　※23.2%　※2018 年度以降	
	その他	同族会社の留保金課税の適用なし（会社でないため）	同族会社の留保金課税の適用あり（平成 19 年度税制改正により中小企業を除外）	
事業税		農地所有適格法人が行う農業（畜産業、原則として農作業受託を除く）は非課税　特別法人年 400 万円超 4.6%　上記以外は右記の資本金 1 億円以下の法人と同じ	資本金 1 億円超の法人　　外形標準課税　資本金 1 億円以下の法人　年所得 400 万円以下　　　　　　3.4%　年所得 400 万円超 800 万円以下 5.1%　年所得 800 万円超　　　　　　6.7%	
定款認証		不要	不要	要（5 万円程度）
設立時の登録免許税		非課税	資本金の 7/1,000（最低 6 万円）	資本金の 7/1,000（最低 15 万円）
組織変更		株式会社に変更可　合同会社への直接変更は不可	株式会社に変更可　農事組合法人への変更は不可	合同会社に変更可　農事組合法人への変更は不可

注．特例有限会社を含む。

131

②　集落営農の法人化の場合

　集落営農の法人化では、農地所有適格法人である農事組合法人の形態によるのが一般的です。農事組合法人で従事分量配当制を採れば赤字になる心配がなく、しかも従事分量配当が課税仕入れになるので消費税の負担が軽くなり、ほとんどの場合、消費税が還付になりました。インボイス制度実施後は、免税事業者からの課税仕入れについて仕入税額控除が制限されて還付額が減りますが、免税事業者からの課税仕入れに係る経過措置（80％控除、50％控除）が適用される間はメリットが残ります。また、農地所有適格法人であれば農業経営基盤強化準備金を活用して法人税の負担を軽くすることができます。

　ただし、複数の集落営農組織をまとめて広域に法人化する場合、出資者の数が多数となることから、株式会社の方が適している場合があります。これは、農事組合法人には、農業協同組合の場合と異なり、総代会が認められないため、原則として総会に組合員本人が出席して議決をする必要があり、農事組合法人では出資者が多数だと運営が難しくなるからです。この場合、1階の集落組織と2階の農業法人とで役割分担をする二階建て方式にしたり、さらに1階の集落組織を一般社団法人による「地域資源管理法人」としたりするなどの工夫が必要になります。

表34．一般社団法人（非営利型法人）と会社法人・農事組合法人との比較

	非営利型法人の一般社団法人［ＮＰＯ法人］	会社法人［農事組合法人］
資本金	なし	あり（1円以上）
設立	準則主義［ＮＰＯ法人は認証主義］	準則主義
目的	制限なし［ＮＰＯ法人は17種類の非営利事業を行う場合に限定］	制限なし［農事組合法人は農業・農業関連事業と附帯事業に限定］
定款認証	要	株式会社は要、合同会社など持分会社と農事組合法人は不要
不動産名義	可	可
法人税	収益事業課税 収益事業（34業種）を営む場合に限って申告義務	全所得課税 普通法人として申告［組合員（役員を除く）に給与を支給しない農事組合法人は協同組合等として申告］
住民税	均等割申告書により均等割（県町計7万円）のみ納付	確定申告書により法人税割及び均等割を納付
消費税	特定収入（交付金等）の仕入税額控除を調整（交付金等不課税収入が多い場合でも納付）	全額が仕入税額控除（交付金等不課税収入が多い場合は還付）
寄付の取扱い	課税なし（受贈益は非収益事業）	受贈益として課税

(3)　資本金

①　家族経営の法人化の場合

　　畜産経営など多額の棚卸資産がある経営を法人化する場合には、法人が設立時に棚卸資産を譲り受けることで、課税売上げを上回るような多額の課税仕入れとなることがあります。こうした場合、法人が課税事業者となることで消費税の還付を受けることができます。資本金を 1 千万円以上とすれば「新設法人」として、設立から 2 事業年度が課税事業者となります。このため、畜産経営などのように多額の運転資金を要する経営は、資本金を 1 千万円以上とすると良いでしょう。

　　ただし、資本金が 1 億円を超えると、年 800 万円以下の金額に対する法人税の軽減税率が適用されなくなったり、通常の法人税に留保金課税が上乗せされたりしますので注意が必要です。このため、資本金は 1 億円以下としておくのが無難です。なお、農事組合法人の場合は、会社法人ではないので、たとえ同族経営であっても同族会社になりません。

　　なお、資本金が 1 千万円を超えると、法人住民税の均等割が 7 万円（道府県民税 2 万円、市町村民税 5 万円）から 18 万円（道府県民税 5 万円、市町村民税 13 万円）と負担が増えます（資本金 1 億円以下で従業者数 50 人以下の場合）。資本金が 1 千万円を超えると 1 億円までは税務上の取扱いは変わりません。

　　なお、資本金 1 千万円未満で設立した法人が当初から課税事業者となるには「消費税課税事業者選択届出書」を提出する必要があります。

②　集落営農の法人化の場合

　　農事組合法人については、農協法により、定款で定める額に達するまでは、配当の金額に関係なく、毎事業年度の剰余金の 10 分の 1 以上を利益準備金として積立てなければならないとされています。したがって、出資金（資本金）が多いと利益準備金の要積立額が増えて、その分、従事分量配当や農業経営基盤強化準備金の積立てが制限されます。従事分量配当や農業経営基盤強化準備金として処分した剰余金は損金算入されるのに対して、利益準備金として処分した剰余金は所得金額として法人税の課税対象となるため、出資金が多いほど法人税等の負担が増えることになります。また、従事分量配当の金額を減らせば消費税の負担も増えることになります。

　　このため、農事組合法人の場合、税負担を軽減するためには、出資金（資本金）を抑制し、その代わりに組合員長期預り金などで運転資金を確保するといった工夫が必要になります。

（4） 法人化の時期

① 家族経営の法人化の場合

　　法人に棚卸資産や固定資産を譲渡すると個人事業としての消費税の納税額が多額になるので、納税資金に注意する必要があります。このため、年の始めに法人を設立し、第1期目を短くして早めに法人の決算を迎えるようにすることで、個人の消費税の納税資金を法人の消費税の還付金で賄う方法が考えられます。

　　例えば、法人を2月に設立して3月決算とすれば、法人の第1期の申告は5月で8月頃には法人で消費税の還付を受けられます。一方、個人の消費税申告は翌年の3月末日が期限で、振替納税なら4月下旬が納期限となるので、資金繰りに問題が生じません。

② 集落営農の法人化の場合

　　集落営農の法人化の場合には、年明けから水稲作業の前までに法人を設立するのが一般的です。圃場に立毛（未収穫農産物）がない時期を法人設立の時期とした方が農地の権利移転の手続きがスムーズになるほか、任意組織から仕掛品として立毛（未収穫農産物）を買い取る手続きも不要になります。

　　なお、麦の栽培をしている場合、一般に、栽培中の農産物は、法人に引き継がずに、収穫が完了するまで任意組織の事業を継続し、任意組織の売上げとすることになります。法人設立後、任意組織をすぐに解散する必要はなく、任意組織が生産した農産物の最終精算が終了するまでの2年程度は、任意組織と法人とが重複して存在しても問題ありません。ただし、仕掛品（未収穫農産物）として原価で評価のうえ、法人に譲渡することもできます。

表35. 法人設立の際の届出等一覧

書類名	提出期限等
法人設立届出書	2か月以内
青色申告の承認申請書	3か月以内（設立第1期の期末日まで）
給与支払事務所等の開設届出書	速やかに
源泉所得税の納期の特例の承認に関する申請書	提出の翌月以後に支払う給与等から適用
消費税の新設法人に該当する旨の届出書	資本金1千万円以上の場合：速やかに（法人設立届出書への記載で提出不要）
消費税課税事業者選択届出書	資本金1千万円未満で課税事業者選択の場合：設立第1期の期末日まで

(5) 法人化の注意点

① 社会保険料負担の増加

　法人化によって社会保険料負担が増加する点に注意が必要です。厚生年金保険料も含めた社会保険料全体を税金と同様の負担と考えた場合、法人化によってむしろ経営全体の税・社会保険料負担は増えることになります。また、法人化の際には、家族従事者や従業員分の社会保険料の負担増も考慮しなければなりません。とくに、従業員の分の社会保険料については、従業員の数が多いほど法人化に伴う社会保険料の負担が大きくなりますが、社会保険料は人材確保による経営発展のために必要なコストと考えて割り切る覚悟も必要です。

　ただし、医療など健康保険の給付内容は、基本的に保険料に連動しないものの、厚生年金の受取額は保険料に比例します。つまり、厚生年金保険料は老後の備え、いわば貯蓄のようなものと考えることができます。そこで社会保険料のうち健康保険料のみを純粋な負担とした場合、所得税・住民税と健康保険料の合計は、会社負担分を含めても法人化後の方が少なくなり、有利になります。なお、家族従事者の多い経営ほど、家族全体の社会保険料負担の増加によって法人化の金銭的メリットは少なくなりますが、一方で、就業条件の充実により後継者の確保が図りやすくなることも法人化のメリットとなります。

② 搾乳牛・繁殖牛の共済金への課税

　個人の畜産・酪農経営の場合、固定資産である搾乳牛・繁殖牛などの生物が死亡した場合、受領した受取共済金のうち資産損失（帳簿価額＋売却経費－売却収入）を超える部分について所得税が非課税となります。しかしながら、法人の場合、受取共済金に通常通り法人税が課税され、非課税扱いにはなりません。

③ みなし譲渡所得課税

　個人が法人に対して固定資産や株式等の譲渡所得の対象となる資産を時価の2分の1未満の価額で譲渡したときは、時価で譲渡したものとして譲渡した本人の譲渡所得として課税されることになります。なお、みなし譲渡所得課税には、発行法人に対する自己株式の譲渡も対象となります。

　一方、時価を下回る金額で資産の譲渡を受けた相手方の法人には、時価と譲渡対価との差額が受贈益として法人税が課税されます。ただし、発行法人による自己株式の取得は資本等取引となるため、受贈益としての課税は生じません。

2．経営継承に関する税務

　経営継承には、相続による場合と生前に行う場合とがあります。相続による経営継承の場合は、親の事業に係る資産及び負債を子が包括的に継承し、納税義務も継承します。とくに、消費税について、相続があった年の基準期間（前々年）における被相続人（親）の課税売上高が1千万円を超える場合、相続があった年分の相続人（子）の納税義務は免除されません。

　これに対して、生前の事業承継の場合には事業譲渡をした親が廃業して子が開業する形式を採ります。継承者（子）は新規開業になり、基準期間の課税売上高がないため、課税事業者を選択しない限り、開業した年は免税事業者となります。なお、耕種農業と肉用牛経営を営む場合、農業者年金（旧制度）の経営移譲年金の受給においては親が耕種農業のみを子に経営移譲することもできますが、この場合、親が農業者に該当しなくなって肉用牛免税の適用を受けられなくなりますので、注意してください。

(1)　相続による経営継承

　　被相続人が死亡した時点において所有していた財産について、事業用資産や経営する法人の株式・出資も含めて、金銭に見積もることができる全ての財産が相続税の課税対象となります。また、被相続人が営んでいた農業について、相続によって経営継承する場合、被相続人の権利や義務を相続人が包括的に継承します。

①　相続とは

　　相続とは、人が死亡した場合に、その者と一定の親族関係にある者（配偶者や子など＝法定相続人）が財産上の権利・義務を承継することをいいます。死亡した人を被相続人、承継した人を相続人といいます。

　　相続があった場合、一般には、相続人間において遺産分割協議書を作成して、これに基づいて相続手続きを行うことになります。土地や家屋については、相続による所有権移転の手続きによって、所有者の名義を変更します。

　　相続した財産が基礎控除額を超える場合には、相続税を納めなければなりません。

a）　相続による経営継承の手続き

　　被相続人について「個人事業の開廃業等届出書」（廃業）を、相続人について、「個人事業の開廃業等届出書」（開業）を提出します。また、相続人が青色申告をするには「所得税の青色申告承認申請書」に加えて、専従者がいる場合には「青色事業専従者給与に関する届出書」を提出することになります。

　　相続人が青色申告をする場合の青色申告承認申請書の提出期限は、①相続がその年の8月31日以前のときは相続の日から4か月以内、②相続がその年の9月1

日から 10 月 31 日の間であるときはその年の 12 月 31 日、③相続がその年の 11 月
1 日以後であるときは翌年 2 月 15 日——です。また、「青色事業専従者給与に関
する届出書」の提出期限はその年の 2 月 15 日ですが、その年の 1 月 16 日以後開
業した場合は 2 か月以内となります。

b)　消費税の取扱い

　消費税について、相続の場合は納税義務を継承しますので、相続があった年の
基準期間（前々年）における被相続人（親）の課税売上高が 1 千万円を超える場
合、相続があった日の翌日以後その年分の相続人（子）の納税義務は免除されま
せん。

　これに対して、生前の経営継承の場合、継承者（子）は新規開業の形になりま
すので、継承者には基準期間の課税売上高がないことになり、課税事業者を選択
しない限り、開業した年とその翌年は免税事業者となります。

②　被相続人の決算と準確定申告

a)　被相続人の準確定申告

　死亡した者の死亡する日までの期間における事業等に関する所得税の申告をし
なければなりません。この所得税の申告を準確定申告といいます。相続のあった
ことを知った日の翌日から起算をして、4 か月を経過した日の前日までに、相続
人が共同で申告をすることになります。これは、確定申告書に準確定申告と記載
し、付表を添えて申告手続きをすることになります。

　この場合、損益計算書や貸借対照表の期間や期日について終期の表示を死亡の
日として表示するほか、申告書には「準確定」と記載し、氏名の前に「被相続人」
と記載します。

b)　被相続人の決算

(a)　会計期間

　被相続人の決算は死亡の日までの期間を対象として行います。この場合、年
初から死亡の日までの収入金額や必要経費は被相続人、死亡の翌日から年末ま
での分を相続人のものとして計上するのが原則です。

　しかしながら、酪農経営では 1 月単位で乳代精算が行われるため、収入金額
や必要経費について日割り計算を行わず月単位で被相続人と相続人に割り振る
こともやむを得ないと考えます。

(b)　減価償却費の計算

　被相続人の決算において、減価償却費の計算は、死亡した日までの月割計算
となります。この場合、1 月未満は 1 月となります。

　一方、相続人の減価償却費の計算についても、相続によって開業した日から
の月割計算となります。この場合も 1 月未満は 1 月として計算します。月の中

途で被相続人が死亡した場合、たとえば、11 月 1 日に死亡した場合、被相続人において 11 か月分、相続人において 2 か月分の減価償却費を計算します。このため、結果的には相続人と被相続人とを合わせて 13 か月分が計上されることになります。

　相続の場合、減価償却資産の取得価額及び未償却残額は、相続により取得した者が引き続き所有していたものとみなされます。このため、相続により取得した資産の減価償却費は、被相続人の取得価額及び耐用年数、未償却残高を引き継いで計算します。ただし、相続日が取得日となりますので、被相続人が 2007 年 3 月 31 日以前に取得して「旧定額法」が適用されていた資産についても、今後発生する相続では、相続人において一律に「定額法」が適用されることになります。また、償却方法は引き継ぎませんので、被相続人が定率法（旧定率法）を選択していて、相続人においても引き続き定率法による場合には、改めて届出書を提出する必要があります。

(c)　青色申告特別控除、各種所得控除

　被相続人が青色申告をしていた場合、準確定申告においても青色申告特別控除が適用されます。複式簿記で記帳のうえ貸借対照表を添付して期限までに申告するなどの要件を満たせば青色申告特別控除額は最大 65 万円になります。一方、相続人においても、前述した提出期限までに青色申告承認申請書を提出すれば青色申告特別控除が適用され、要件を満たせば最大 65 万円を控除できます。この場合、同じ年分の所得税について相続人と被相続人の両方で 65 万円を控除することもできます。

　控除対象配偶者又は扶養親族に該当するかどうかは、原則としてその年の 12 月 31 日の現況によって判定しますが、被相続人が死亡した場合には死亡の日の現況によって判定することになります。したがって、相続のあった年においては、同じ被扶養者を被相続人と相続人の両方の配偶者控除や扶養控除の対象とすることも可能です。

　医療費控除や社会保険料、生命保険料、地震保険料控除等の対象となるのは、死亡の日までに被相続人が支払った医療費や保険料等の額です。このため、死亡後に相続人が支払った医療費などを被相続人の準確定申告において医療費控除等の対象に含めることはできません。

③　相続人の決算と確定申告

a）　被相続人の決算

(a)　会計期間

相続人の決算は開業の日から年末までの期間を対象として行います。この場合、年初から死亡の日までの収入金額や必要経費は被相続人、死亡の翌日から年末までの分を相続人のものとして計上するのが原則です。

(b) 減価償却費の計算

相続人の減価償却費の計算についても、相続によって開業した日からの月割計算となります。

相続の場合、減価償却資産の取得価額及び未償却残額は、相続により取得した者が引き続き所有していたものとみなされます。このため、相続により取得した資産の減価償却費は、被相続人の取得価額及び耐用年数、未償却残高を引き継いで計算します。ただし、相続日が取得日となりますので、被相続人が 2007 年 3 月 31 日以前に取得して「旧定額法」が適用されていた資産についても、今後発生する相続では、相続人において一律に「定額法」が適用されることになります。また、償却方法は引き継ぎませんので、被相続人が定率法（旧定率法）を選択していて、相続人においても引き続き定率法による場合には、改めて届出書を提出する必要があります。

(2) 生前の経営継承

生前の事業承継は、棚卸資産について贈与する場合と売買する場合とに分けられます。棚卸資産以外の農業用財産は譲渡せずに貸すことができますので、土地や減価償却資産は使用貸借（無償）とするのが一般的です。なお、かりに生計を一にする配偶者その他の親族に地代家賃などを支払ったとしても必要経費になりませんし、受取った人も所得として考えません（所法 56）。

不動産は、登記名義を変更するなど特に贈与したと認められるものを除いて、贈与はなかったものとされます（昭 35 直資 15）。不動産とは、土地、建物、建物付属設備、構築物などで、畜舎や堆肥舎などが含まれます。農業経営者が、親など生計を一にする親族名義の不動産を無償で事業の用に供している場合、親族名義の資産の固定資産税や減価償却費・除却損、資産取得資金の借入金の利息を必要経費にできます（所基通 56－1）。したがって、貸借対照表や減価償却台帳に親族名義の資産の取得価額や耐用年数、未償却残高をそのまま引き継いで計上します。

① 贈与と使用貸借によって経営継承する方法

a） 動産の農業用財産を使用貸借する方法

書面で贈与を留保する旨の申出をしたうえで動産の農業用財産を使用貸借する方法です。

不動産以外の農業用財産（動産）は、貸借しようとしても原則として贈与があったものとして取り扱われます。動産には、棚卸資産のほか、農業機械や生物な

どの減価償却資産で搾乳牛や繁殖牛、繁殖豚などが含まれます。

　ただし、棚卸資産以外の動産で特に書面で贈与を留保する旨の申出があり、かつ、その申出のあった財産の価額を、旧経営者を被相続人とする相続財産価額に算入することを了承したものについては贈与がなかったものとして取り扱われます（昭 35 直資 15）。このため、『不動産以外の農業用財産の贈与を留保する旨の申出書』（資猶 34－ A-4）という様式を提出して対応する方法があります。しかしながら、この様式は国税庁のホームページに掲載されておらず、税務署によってこの方法による農業用財産の貸借を認めていないケースもあります。

　かりに贈与と認定された場合、贈与財産の価額の合計額が贈与税の基礎控除額の 110 万円を超えるときは、累進税率による贈与税が課税されます。

b）　動産の農業用財産を相続時精算課税制度によって贈与する方法

　相続時精算課税制度を選択して動産の農業用財産を贈与する方法です。

　相続時精算課税制度では、贈与税の非課税枠が拡大され、特別控除額の 2,500 万円まで課税されません。贈与者が 60 歳以上の親又は祖父母、受贈者は 18 歳以上の子（推定相続人）又は孫の場合が制度の対象となります。相続時精算課税制度と暦年課税のいずれを選択するかは受贈者が行い、特別控除額は複数年にわたって利用できます。

　相続時精算課税制度において贈与財産の価額の合計額が特別控除額の 2,500 万円を上回る金額には、一律 20％の税率による贈与税が課税されます。

②　売買によって経営継承する方法

　動産の農業用財産を親子間で売買して経営継承する方法です。

　親の年齢が 60 歳未満で相続時精算課税制度を活用できない場合や、相続時精算課税制度を適用しても肉用牛・肉豚など棚卸資産が多額で贈与税がかかる場合には、棚卸資産を親子間で（有償）売買する方が有利になることがあります。棚卸資産が多額であっても、帳簿価格等の適正な時価によって親から子へ売買した場合には贈与税はかからず、また、売却益がなければ所得税もかかりません。

a）　消費税の取扱い

　譲渡する側（親）が消費税の課税事業者の場合、事業継承に伴う資産の譲渡にも消費税がかかります。一方で、資産を譲り受ける側（子）が消費税の課税事業者になれば、譲り受けた資産が課税仕入れとなるので仕入税額控除を受けることができ、課税仕入れが課税売上げを上回るときは消費税が還付になります。ただし、相続の場合と異なり、消費税の納税義務を承継しないので、消費税の課税事業者となるには「消費税課税事業者選択届出書」を提出する必要があります。

　また、事業譲渡する側が経営移譲する前年に「簡易課税制度選択届出書」を提出して譲渡する年に簡易課税が適用されると、みなし仕入率によって固定資産の

譲渡にかかる消費税負担が 40%に軽減されます。この場合、経営移譲はできるだけ年の始めに行うのが有利で、親の消費税負担よりも子の消費税還付額の方が多くなることもあります。なお、簡易課税を選択できるのは、基準期間（課税期間の前々年、届出書提出の前年）の課税売上高が 5 千万円以下の場合に限られます。

　売買によって事業承継する場合、親には継承資産の譲渡にかかる消費税が通常の消費税に上乗せされます。このため、子が融資を受けるなどして、少なくとも資産譲渡に係る消費税分の資金を確保し、親に弁済する必要があります。買取資金のうち消費税納税に充当する以外の部分は分割払いでも構いませんが、「ある時払いの催促なし」では、売買代金を贈与したと認定される恐れがあるので、口座振込などにより代金を定期的に弁済しておく必要があります。

　しかしながら、親子間で個人事業として経営承継を行う場合、親における消費税の納税が、子における消費税の還付よりも先になるため、納税資金を別途、準備しておく必要があります。この問題を回避するには、法人を新規に設立して経営を承継し、将来、法人の代表を子に変更する方法が有効です。個人事業と異なり、法人は事業年度を任意に設定することができ、設立初年度は 1 年間でなくても構いません。たとえば、3 月決算の法人を 2 月 1 日に設立して父の事業から資産を譲り受けた場合、5 月末申告で経営承継をした年の 8 月頃には消費税の還付を受けることができます。一方、父の事業における消費税の申告期限は翌年 3 月末日で納税はその申告をした年の 4 月になります。したがって、父の消費税の納税が法人の消費税の還付の後になるため、法人における消費税の還付金を資産の譲渡代金の一部として父に支払うことで、その資金を父の消費税の納税に充てることが可能になります。

b）　減価償却費の計算

　売買による場合、親から取得した資産であっても、中古資産を取得したものとして取り扱われます。この場合、取得価額や耐用年数、未償却残高を引き継がず、売買金額を取得価額及び未償却残高とするほか、中古資産の耐用年数を用いることになります。

表36. 経営継承に伴う届出等手続一覧

	旧経営者（親）の側の手続き	新経営者（子）の側の手続き
共通	個人事業の開廃業等届出書（廃業） 不動産所得がない場合：所得税の青色申告の取りやめ届出書	個人事業の開廃業等届出書（開業） 所得税の青色申告承認申請書 専従者がいる場合：青色事業専従者給与に関する届出書、源泉所得税の納期の特例の承認に関する申請書
贈与によるケース	暦年課税：不動産以外の農業用財産の贈与を留保する旨の申出書（資猶34－A-4）	精算課税：相続時精算課税選択届出書
売買によるケース	［前年］基準期間の課税売上高が5千万円以下の場合：消費税簡易課税制度選択届出書（第24号様式） 事業廃止届出書（第6号様式）	消費税課税事業者選択届出書（第1号様式）
相続によるケース（注）	所得税準確定申告書 個人事業者の死亡届出書（第7号様式）	消費税課税事業者届出書（第3号様式） 相続・合併・分割等があったことにより課税事業者となる場合の付表（第4号様式）

注．相続の場合、旧経営者の側の手続きは、相続人である新経営者が行う。

3．経営継承と相続税

(1)　相続税のしくみ

相続税は、相続や遺贈によって取得した財産及び相続時精算課税の適用を受けて贈与により取得した財産の価額の合計額が基礎控除額を超える場合にその超える部分（課税遺産総額）に対して、課税されます。財産の価額の合計額の計算においては、債務などの金額を控除し、相続開始前3年以内の贈与財産の価額を加算します。令和5年度税制改正により、令和6年以後の贈与について相続開始前7年以内の贈与財産の価額を加算しますが、延長分の4年間に受けた贈与については総額100万円まで相続財産に加算しません。

2014年分まで、基礎控除額は「5,000万円＋1,000万円×法定相続人数」でしたが、平成25年度税制改正により、2015年から相続税の基礎控除について「3,000 万円＋600 万円×法定相続人数」に引き下げるとともに、最高税率が55％に引き上げられました。この結果、これまでは相続税を納めなければならないのは全体の相続件数の4％程度と言われていましたが、課税対象者が1.5〜2倍程度に広がりました。

相続は、原則として死亡によって開始します。相続税が課税される場合、相続税の申告及び納税が必要となり、その期限は、被相続人の死亡したことを知った日の翌日から10か月以内です。

①　相続

相続とは、無被相続人の財産などの様々な権利・義務を他の相続人が包括的に承継することをいいます。相続人は、相続開始の時から、被相続人の財産に関する一切の権利義務を承継することになります。扶養を請求する権利や文化功労者年金を受ける権利など被相続人の一身に専属していたものは、承継されません。

②　遺贈

遺贈とは、被相続人の遺言によってその財産を移転することをいいます。遺贈は、相続人だけでなく、相続人以外の人にも行うことができます。

なお、贈与をした人が亡くなることによって効力を生じる贈与（これを死因贈与といいます。）については、相続税法上、遺贈として取り扱われます。

③　相続時精算課税に係る贈与

相続時精算課税制度とは、平成15年度税制改正により創設された制度で、贈与段階での課税について相続時の精算を前提にした概算払いと考え、贈与税を大幅に軽減したものです。

相続時精算課税とは、贈与時に贈与財産に対する贈与税を納付し、贈与者が亡くなったときにその贈与財産の価額と相続や遺贈によって取得した財産の価額とを合計

した金額を基に計算した相続税額から、既に納付した贈与税に相当する金額を控除した額をもって納付すべき相続税額とする制度（相続時に精算）で、その贈与者から受ける贈与を「相続時精算課税に係る贈与」といいます。

　贈与により財産を取得した人が、この制度の適用を受けるためには、一定の要件の下、原則として贈与税の申告時に贈与税の申告書とともに「相続時精算課税選択届出書」を税務署に提出する必要があります。この届出書を提出した人を「相続時精算課税適用者」といいます。

(2)　相続税の計算

　相続税の計算は、次の順序で行います。

①　各人の課税価格の計算

　まず、相続や遺贈及び相続時精算課税の適用を受ける贈与によって財産を取得した人ごとに、課税価格を次のように計算します。

相続や遺贈によって　＋　相続時精算課税適用　－　債務・葬式費用＋　相続開始前 3 年以内の
取得した財産の価額　　　　財産の価額（注 1）　　　　の金額　　　　　贈与財産の価額（注 2）
　＝　各人の課税価格

注.
1)　相続時精算課税適用者（相続時精算課税に係る受贈者（子又は孫）がその特定贈与者（相続時精算課税に係る贈与者（父母又は祖父母）から相続又は遺贈により財産を取得しない場合であっても、相続時精算課税の適用を受けるその特定贈与者からの贈与財産は相続又は遺贈により取得したものとみなされ、贈与の時の価額で相続税の課税価格に算入されることになる。
2)　相続又は遺贈により財産を取得した相続人等が、相続開始前 3 年以内にその被相続人からの暦年課税に係る贈与によって取得した財産の価額をいう。

②　相続税の総額の計算

　相続税の総額は、次のように計算します。

（ア）　上記①で計算した各人の課税価格を合計して、課税価格の合計額を計算します。
　各相続人の課税価格の合計＝課税価格の合計額

（イ）　課税価格の合計額から基礎控除額を差し引いて、課税される遺産の総額を計算します。
　課税価格の合計額－基礎控除額（3,000 万円＋600 万円×法定相続人数（注））
　＝課税遺産総額

注.法定相続人の数は、相続の放棄をした人がいても、その放棄がなかったものとした場合の相続人の数をいう。法定相続人のなかに養子がいる場合において、被相続人に実子がいるときは、養子のうち 1 人を法定相続人に含め、被相続人に実子がいないときは、養子のうち 2 人を法定相続人に含める。

（ウ）　上記（イ）で計算した課税遺産総額を、各法定相続人が民法に定める法定相続分
（注）に従って取得したものとして、各法定相続人の取得金額を計算します。

　　課税遺産総額×各法定相続人の法定相続分＝法定相続分に応ずる各法定相続人
の取得金額（千円未満切り捨て）

注．法定相続分とは、次の区分に応じてそれぞれに定める割合となる。なお、相続の放棄があっ
た場合においても、その放棄がなかったものとした場合の相続分となる。

①配偶者と子供が相続人・・・・

配偶者1／2・子供(2人以上のときは全員で)1／2

②配偶者と直系尊属が相続人・・

配偶者2／3・直系尊属(2人以上のときは全員で)1／3

③配偶者と兄弟姉妹が相続人・・

配偶者3／4・兄弟姉妹(2人以上のときは全員で)1／4

（エ）　上記（ウ）で計算した法定相続人ごとの取得金額に税率を乗じて相続税の総額
の基となる税額を算出します。

　　法定相続分に応ずる各法定相続人の取得金額　×　税率　＝　算出税額

表37．相続税の速算表【2015年1月1日以後の場合】

法定相続分に応ずる取得金額	税率	控除額
1,000万円以下	10%	―
3,000万円以下	15%	50万円
5,000万円以下	20%	200万円
1億円以下	30%	700万円
2億円以下	40%	1,700万円
3億円以下	45%	2,700万円
6億円以下	50%	4,200万円
6億円超	55%	7,200万円

（オ）　上記（エ）で計算した法定相続人ごとの算出税額を合計して相続税の総額を計
算します。

③　各人ごとの相続税額の計算

　相続税の総額を、財産を取得した人の課税価格に応じて割り振って、財産を取得し
た人ごとの税額を計算します。

　　相続税の総額×各人の課税価格÷課税価格の合計額　＝　各相続人等の税額

④　各人の納付税額の計算

③で計算した各相続人等の税額から各種の税額控除額を差し引いた残りの額が各人の納付税額になります。

ただし、財産を取得した人が被相続人の配偶者、父母、子供以外の者である場合、税額控除を差し引く前の相続税額にその 20％相当額を加算した後、税額控除額を差し引きます。

なお、子供が被相続人より先に死亡しているときは孫（その子供の子）について相続税額に加算する必要はありませんが、子供が被相続人より先に死亡していない場合で被相続人の養子である孫については相続税額に加算する必要があります。

(3)　相続税の特例
①　農業相続人が農地等を相続した場合の納税猶予の特例

被相続人が農業を営んでいた農地又は特定貸付けが行われていた農地を相続や遺贈によって取得した相続人が、これらの農地で引き続き農業を営む場合又は特定貸付けを行う場合には、これらの農地等の価額のうち農業投資価格を超える部分に対応する相続税額について納税が猶予されます。

平成 30 年度税制改正により、都市農地の貸借の円滑化に関する法律（仮称）に規定する認定事業計画に基づく貸付けなど一定の制度によって貸付けられた生産緑地についても相続税の納税猶予の適用対象に加えられました。加えて、農地法等の改正を前提に、コンクリート等で覆われた農作物の栽培施設の敷地について、相続税等に関する法令の適用上、農地と同様の扱いとすることとなります。

猶予された税額は、次のいずれかに該当することとなったときに免除されます。

（ア）相続人が死亡した場合

（イ）相続人が後継者へ農地を生前一括贈与した場合

（ウ）市街化区域内（生産緑地を除く。）は、相続人が 20 年間営農を継続した場合

なお、相続時精算課税に係る贈与によって取得した農地等については、この特例の適用を受けることはできません。

②　非上場株式等についての相続税の納税猶予の特例（事業承継税制）

後継者が、相続等により、経済産業大臣の認定を受ける非上場会社の株式等を先代経営者である被相続人から取得し、その会社を経営していく場合には、その後継者が納付すべき相続税のうち、その非上場株式等(後継者の議決権割合が 3 分の 2 に達するまでが限度)に係る課税価格の 80％に対応する相続税の納税が猶予されます。

平成 30 年度税制改正により、事業承継税制について 2018 年から 10 年間、適用要件を大幅に緩和した特例措置が創設されます。このほか、一般措置も含めて 5 年の特例承継期間における先代経営者以外の者（改正前：先代経営者のみ）から取得する株式への対象拡大が措置されます。

　特例措置については、①猶予対象の株式の制限（一般措置：総株式数の 3 分の 2）の撤廃、②納税猶予割合（一般措置：80%）の 100%への引上げ、③雇用確保要件の事実上の撤廃、④対象となる後継者（一般措置：1 人）が最大 3 人への拡大、となっています。なお、特例措置の適用を受けるには、認定経営革新等支援機関の指導及び助言を受けて特例承継計画を作成し、2026 年 3 月 31 日までに都道府県知事に提出する必要があります。

　猶予された税額は、後継者が死亡した場合などにはその全部又は一部が免除されます。なお、免除されるときまでに特例の適用を受けた非上場株式等を譲渡するなど一定の場合には、非上場株式等納税猶予税額の全部又は一部を利子税と併せて納付する必要があります。

4．経営継承と贈与税

（1） 贈与税のしくみ

贈与税は、個人から財産をもらったときにかかる税金です。

会社など法人から財産をもらったときは贈与税でなく、所得税がかかることになっています。また、自分が保険料を負担していない生命保険金を受け取った場合、あるいは債務の免除などにより利益を受けた場合などは、贈与を受けたとみなされて贈与税がかかることになっています。ただし、死亡した人が自分を被保険者として保険料を負担していた生命保険金を受け取った場合は、贈与税でなく相続税の対象となります。

贈与税の課税方法には、「暦年課税」と「相続時精算課税」の2つがあり、一定の要件に該当する場合に「相続時精算課税」を選択することができます。

① 暦年課税

贈与税は、1人の人が1月1日から12月31日までの1年間にもらった財産の合計額から基礎控除額の110万円を差し引いた残りの額に対してかかります。したがって、1年間にもらった財産の合計額が110万円以下なら贈与税はかかりません。この場合、贈与税の申告は不要です。

② 相続時精算課税

「相続時精算課税」を選択した贈与者ごとにその年の1月1日から12月31日までの1年間に贈与を受けた財産の価額の合計額から2,500万円の特別控除額を控除した残額に対して20%の贈与税がかかります。

なお、この特別控除額は贈与税の期限内申告書を提出する場合のみ控除することができます。

また、前年以前にこの特別控除の適用を受けた金額がある場合には、2,500万円からその金額を控除した残額がその年の特別控除限度額となります。ただし、令和5年度税制改正により、令和6年以後の相続時精算課税に係る贈与については、現行の暦年課税の基礎控除とは別途、110万円の基礎控除を控除できます。

相続時精算課税は、受贈者（子又は孫）が贈与者（父母又は祖父母）ごとに選択できますが、いったん選択すると選択した年以後贈与者が亡くなる時まで継続して適用され、暦年課税に変更することはできません。

なお、相続時精算課税に係る贈与によって取得した農地等については、農業相続人が農地等を相続した場合の納税猶予の特例の適用を受けることはできません。

③ 申告と納税

贈与税がかかる場合及び相続時精算課税を適用する場合には、財産をもらった人

が申告と納税をする必要があります。申告と納税は、財産をもらった年の翌年 2 月 1 日から 3 月 15 日の間に行います。

　なお、相続時精算課税を適用する場合には、納税額がないときであっても財産をもらった人が財産をもらった年の翌年 2 月 1 日から 3 月 15 日の間に申告する必要があります。

　税金は金銭で一度に納めるのが原則ですが、贈与税については、特別な納税方法として 延納制度があります。延納は何年かに分けて納めるものです。延納を希望する場合は、申告書の提出期限までに税務署に申請書などを提出して許可を受ける必要があります。

(2)　贈与税の計算
①　暦年課税

　贈与税の計算は、まず、その年の 1 月 1 日から 12 月 31 日までの 1 年間に贈与によりもらった財産の価額を合計します。続いて、その合計額から基礎控除額 110 万円を差し引きます。次に、その残りの金額に税率を乗じて税額を計算します。

（課税価格－基礎控除額年 110 万円）×超過累進税率（表 38 参照）＝納付税額

表 38．贈与税の速算表【2015 年 1 月 1 日以後の場合】

基礎控除後の課税価格	一般税率		特例税率	
	税率	控除額	税率	控除額
200 万円以下	10%	－	10%	－
300 万円以下	15%	10 万円	15%	10 万円
400 万円以下	20%	25 万円		
600 万円以下	30%	65 万円	20%	30 万円
1,000 万円以下	40%	125 万円	30%	90 万円
1,500 万円以下	45%	175 万円	40%	190 万円
3,000 万円以下	50%	250 万円	45%	265 万円
4,500 万円以下	55%	400 万円	50%	415 万円
4,500 万円超			55%	640 万円

注．特例税率は、直系尊属（父母や祖父母など）から子・孫などの直系卑属（財産の贈与を受けた年の 1 月 1 日現在において 18 歳以上の者に限ります。）が贈与により財産を取得した場合（特例贈与財産）の贈与税の計算に使用する。一般税率は、特例贈与財産にならないもの（一般贈与財産）の贈与税額の計算に使用する。

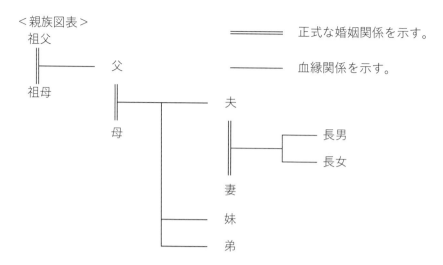

<親族図表>

正式な婚姻関係を示す。

血縁関係を示す。

② 相続時精算課税

「相続時精算課税」を選択した贈与者ごとにその年の１月１日から 12 月 31 日までの１年間に贈与を受けた財産の価額の合計額から 2,500 万円の特別控除額を控除した残額に対して 20％の税率を乗じて税額を計算します。

（課税価格－特別控除額※2,500 万円）×20％（税率）＝納付税額⇒贈与者の相続時に精算

※複数年にわたり利用できる。ただし、前年以前において、既にこの特別控除額を控除している場合は、残額が限度額となる。

(3) 贈与税の特例

① 農業後継者が農地等の贈与を受けた場合の納税猶予の特例

農業を営む人（贈与者）が、農業の用に供している農地の全部を農業後継者（推定相続人の１人）に贈与した場合には、農業後継者に課税される贈与税について、その贈与を受けた農地等について農業後継者が農業を営んでいる限り、その納税が猶予されます。

A　農地等の贈与があった日の属する年分の贈与税額（通常の贈与税額）

　＝（農地等の価額＋その他財産の価額－基礎控除額年 110 万円）×超過累進税率（表38）

B　農地等の贈与がなかったものとした場合のその年分の贈与税額（贈与税の納付税額）

　＝（農地等以外のその他財産の価額－基礎控除額年 110 万円）×超過累進税率（表38）

∴A－B＝納税猶予税額

猶予された贈与税額は、受贈者又は贈与者のいずれかが死亡した場合には、その

　納税が免除されます。ただし、贈与者の死亡により農地等納税猶予税額の納税が免除された場合には、特例の適用を受けて納税猶予の対象になっていた農地等（特例農地等といいます。）は、贈与者から相続したものとみなされて相続税の課税対象となります。

表 39. 贈与税納税猶予制度と相続時精算課税制度の比較

		贈与税納税猶予制度	相続時精算課税制度
手続き		生前一括贈与	贈与＋相続時精算課税制度の選択
贈与者の要件	対象者	3 年以上農業を営んでいた個人	なし
	年齢要件	なし	60 歳以上（贈与した年の 1 月 1 日）
	適用を除外される場合	過去に推定相続人に農地を贈与し相続時精算課税の適用を受けた場合	
		対象年に今回の贈与以外に農地等を贈与した場合	
		過去に農地等の贈与税の納税猶予の特例に係る一括贈与を行った場合	
受贈者の要件	対象者	推定相続人（子）で認定農業者、認定新規就農者又は基本構想水準到達者	推定相続人（子）又は孫
	年齢要件	18 歳以上（贈与を受けた日）	18 歳以上（贈与を受けた年の 1 月 1 日）
	従事要件	贈与を受けた日まで引き続き 3 年以上農業に従事	なし
	経営要件	速やかにその農地及び採草放牧地によって農業経営(2016 年 4 月以後の贈与については認定農業者等に限る)	なし
農地等の要件		「農地の全部」、「採草放牧地の 3 分の 2 以上の面積のもの」及び「準農地の 3 分の 2 以上の面積のもの」について一括して贈与	なし
不動産取得税		徴収猶予制度あり	通常通り負担 税額＝取得価格（固定資産課税台帳価格）×税率（3 ％（2021 年 3 月 31 日まで））

　なお、納税猶予の適用から 20 年（貸付時 65 歳以上なら 10 年）経過すれば納税猶予を受けたまま農地を「特定貸付け」することができます。平成 28 年度税制改正により、贈与税納税猶予を受けた農地について、2016 年 4 月以後、農地中間管理機構に貸し付ける場合は納税猶予の適用期間にかかわらず納税猶予が打ち切られないことになりました。改正前は、贈与税納税猶予を受けた農地については、借換特例の場合などを除き、最低でも 10 年、貸付時に 65 歳未満なら 20 年を経過しないうちに貸し付けると納税猶予が打切りになりました。納税猶予が打ち切りとなれば、猶予されていた贈与税に加えて利子税を納めなければなりません。このため、基本的に 20 年間、個人として農業経営を継続しなければならず、その間は、事実上、贈与税納税猶予適用農地を農業法人に貸し付けることができませんでした。平成 28 年度税制改正

により、農地中間管理機構を通せば、贈与税納税猶予適用農地を農地所有者自らが設立した農業法人に貸し付けることもできるようになりました。さらには、農地中間管理機構による農地の再配分によって担い手ごとに面的集積しやすくなると期待されます。

　一方、相続時精算課税制度で農地を後継者に贈与した場合、その農地の処分に制限はなく、農地中間管理機構を通さずに法人に直接貸しても、譲渡や転用をしても新たな贈与税負担は生じません。

②　非上場株式等についての贈与税の納税猶予の特例

　後継者が、贈与により、経済産業大臣の認定を受ける非上場会社の株式等を先代経営者から全部（後継者の議決権割合が3分の2となる場合はその数以上）を取得し、その会社を経営していく場合には、その後継者が納付すべき贈与税のうち、その非上場株式等（後継者の議決権割合が3分の2に達するまでが限度）に対応する贈与税の納税が猶予されます。

　平成30年度税制改正により、相続税と同様、贈与税の納税猶予の特例についても特例措置が創設されました。このほか、一般措置も含めて5年の特例承継期間における先代経営者以外の者（改正前：先代経営者のみ）から取得する株式への対象拡大が措置されます。

　特例措置については、①猶予対象の株式の制限（改正前：総株式数の3分の2）の撤廃、②雇用確保要件の事実上の撤廃、③対象となる後継者（一般措置：1人）が最大3人への拡大、となっています。なお、特例措置の適用を受けるには、認定経営革新等支援機関の指導及び助言を受けて特例承継計画を作成する必要があります。

　猶予された税額は、先代経営者や後継者が死亡した場合などにはその全部又は一部が免除されます。なお、免除されるときまでに特例の適用を受けた非上場株式等を譲渡するなど一定の場合には、非上場株式等納税猶予税額の全部又は一部を利子税と併せて納付する必要があります。

5．農業法人の株式・出資の評価

(1) 取引相場のない株式の評価

　　農業法人のうち株式会社や持分会社の株式・出資は、「取引相場のない株式」として評価することになります。農地所有適格法人は、農地制度上、株式を公開することができず、一般に、農業法人の株式が上場株式等となることはないからです。取引相場のない株式とは、上場株式、登録銘柄、店頭管理銘柄及び公開途上にある株式以外の株式をいいます。

　　取引相場のない株式は、相続や贈与などで株式を取得した株主が、その株式を発行した会社の経営支配力を持っている同族株主については原則的評価方式、それ以外の株主等については特例的な評価方式の配当還元方式により評価します。

　　ただし、農事組合法人の出資の評価は、特例的な評価方式は認められず、しかも純資産価額方式のみで、株式会社のように類似業種比準価額方式の併用は認められません。このため、農事組合法人において内部留保が大きい場合には評価額が高くなることに注意する必要があります。

① 原則的評価方式

　　原則的評価方式は、評価する株式を発行した会社を従業員数、総資産価額及び売上高により大会社、中会社又は小会社のいずれかに区分して、類似業種比準方式と純資産価額方式との併用により評価します。

　　具体的には、1株当たりの株式の価額は、次の算式により計算した金額によって評価します。

株式の価額 ＝ 類似業種比準価額 × L※ ＋1株当たりの純資産価額×（1－L）

注．純資産価額は相続税評価額によって計算した金額

※L（類似業種比準価額の割合）は、会社規模の区分に応じて次のとおりとなっており、大会社は、L＝1.0、すなわち、類似業種比準方式のみによって評価する。ただし、類似業種比準価額よりも1株当たりの純資産価額（相続税評価額によって計算した金額）が低い場合、上記の算式中の類似業種比準価額を1株当たりの純資産価額によって評価することができる。

会社規模		取引金額	総資産価額 ：従業員数	Lの割合
小会社		8,000万円未満	5,000万円未満： 5人以下	0.50
中会社	小	8,000万円以上	5,000万円以上： 5人超	0.60
	中	2億円以上	2億5,000万円以上：20人超	0.75
	大	4億円以上	5億円以上 ：35人超	0.90
大会社		15億円以上	15億円以上 ：35人超	1.00

注．会社規模は、取引金額と総資産価額かつ従業員数のいずれか大きい区分で判定する。

　　1株当たりの純資産価額が類似業種比準価額を上回る場合には、類似業種比準価額を併用する方式の方が株式の評価が低くなって有利になります。また、その場合、会社の規模が大きいほど類似業種比準価額の割合が大きくなって有利になります。

a）　類似業種比準方式

　　類似業種比準方式は、類似業種の株価を基に、評価する会社の1株当たりの配当金額、利益金額及び簿価純資産価額の3つで比準して評価する方法です。なお、類似業種の業種目及び業種目別株価などは、国税庁ホームページで閲覧できます。

b）　純資産価額方式

　　純資産価額方式は、会社の総資産や負債を原則として相続税の評価に洗い替えて、その評価した総資産の価額から負債や評価差額に対する法人税額等相当額を差し引いた残りの金額により評価する方法です。

②　特例的な評価方式（配当還元方式）

　　同族株主以外の株主等が取得した株式については、その株式の発行会社の規模にかかわらず原則的評価方式に代えて特例的な評価方式の配当還元方式で評価します。配当還元方式は、その株式を所有することによって受け取る1年間の配当金額を、一定の利率(10%)で還元して元本である株式の価額を評価する方法です。

　　なお、中小企業投資育成株式会社が第三者割当に基づき引き受ける新株の価額および保有する株式を処分する場合の価額については、配当還元方式に準じた評価方式が認められており、アグリビジネス投資育成㈱についても同様の取扱いとされています。

(2)　増資における注意点

　　第三者割当によって個人の同族株主が増資を引き受ける場合には、贈与税の課税に注意する必要があります。時価（原則的評価方式による評価額）よりも低い有利な価格で増資が行われた場合、増資した個人以外の株主個人から増資した個人へ価値の移転があったとして贈与とみなされることがあります。反対に、時価より高い不利な価格で増資が行われた場合、増資した個人の同族株主から他の株主個人に価値の移転があったとして贈与とみなされることがあります。ただし、享受した経済的利益の1人当たりの金額が贈与税の基礎控除の年110万円の範囲内であれば、課税されません。

　　一方、同族株主以外の株主等が第三者割当によって増資を引き受ける場合には、配当還元方式やこれに準じた評価方式による価額が時価になります。この場合、同族株主以外の株主等が時価（特例的な評価方式による評価額）で引き受けることで、既存の株主の1株当たりの純資産価額が減少することがあります。

(3)　株式の買取りや自己株式の取得における注意点

①　投資育成株式会社以外の法人から取得する場合

　　個人の同族株主が法人から時価（原則的評価方式による評価額）を下回る価額で株式を譲り受けた場合には、時価と取引価額との差額相当額について経済的利益として享受したものと認められ、一時所得として課税されます。これは、法人から受けた経済的利益が、営利を目的とする継続的な行為から生じた所得以外の一時の所得であって労務その他の役務又は資産の譲渡の対価としての性質を有しないものに該当すると考えられるからです。ただし、その経済的利益を含めたその年の一時所得の金額が 50 万円（一時所得の特別控除額）以内であれば課税されません。

　　一方、法人が時価を下回る価額で自己株式以外の株式を譲り受けた場合には、時価と取引価額との差額相当額について受贈益として課税されます。ただし、発行法人が譲り受けた場合は、時価を下回る価額であっても自己株式の取得として資本等取引となるため、受贈益課税は生じません。

　　なお、時価を下回る場合、株式を譲渡した法人に対して、低額譲渡として寄附金課税が生ずることがあります。

②　投資育成株式会社から取得する場合

　　個人の同族株主がアグリビジネス投資育成㈱から譲り受けた場合には、原則的評価方式による評価額を下回る価額であっても、中小企業投資育成株式会社の評価基準に基づいて個人が譲り受けた場合には、この評価基準が税務上適正なものとして取り扱われていることから、一時所得課税は生じません。また、中小企業投資育成株式会社の評価基準に基づいて株式を譲渡した投資育成株式会社に対して寄附金課税が生ずることはありません。

著者あとがき

　農業従事者の高齢化が進み、大量のリタイアによって今後ますます担い手不足が深刻化するなか、新規就農や企業参入を後押しする政策が展開されています。また、政府は農業経営の法人化を強力に進めており、2023年までの間に法人経営体数を5万法人に増加することを国の目標に掲げています。

　農業経営の新規参入や法人化には、経営者自らの的確な判断だけでなく、関係者による支援が欠かせません。農業経営に取り組み、これを支援するうえでは、農業特有の会計・税務や個人経営と法人経営の違いを理解する必要があります。また、優良な農業経営を育てるだけでなく、次世代に円滑に継承していくことが求められています。2015年から相続税の課税強化が行われ、農業経営においても相続税や贈与税を意識した経営継承対策を講じていく必要があります。

　こうしたなかで農業者の経営支援にこれまで中心的な役割を担ってきたJAや普及指導センターなどの関係機関だけでなく、金融機関や税理士・公認会計士などの会計人が農業に係る税務の特徴を理解し、農業政策や税制を含めた経営環境の変化にも対応した法人運営や経営継承を企画・提案していくことが求められます。

　本書は、「農業経理士」試験の教科書として発刊いたしましたが、同時に、農業経営管理支援や農業融資に携わる方が農業税務を学ぶ実務書として活用されることを想定しています。毎年実施する試験の教科書である以上、毎年度の税制改正にも対応する必要があります。年次改訂によって最新の農業税務に関する知識を習得できるようにし、本書を「農業税務」の定番の教科書として普及することを企図しています。

　本書で学ぶ読者の皆さんが農業に必要とされる実践的な経営スキルを習得し、また、農業経営の強力な支援者として活躍されることを願ってやみません。

　　　　　　　　　　　　　　　　　　　一般社団法人　全国農業経営コンサルタント協会

　　　　　　　　　　　　　　　　　　　　　会長　　森　　剛一

┌─────本書のお問い合わせ先─────┐

一般財団法人 日本ビジネス技能検定協会 事務局

〒101-0065

東京都千代田区西神田2-3-8　谷口ビル5階

Tel 03-6265-6124　　Fax 03-6265-6134

ＨＰ：http://www.jab-kentei.or.jp/
└─────────────────────────┘

農業経理士教科書【税務編】（第9版）

■発行年月日　2016年5月10日　初版発行
　　　　　　　2024年4月23日　　9版発行

■執　　　筆　森　剛一／西山　由美子

■監　　　修　一般財団法人 日本ビジネス技能検定協会
　　　　　　　学校法人 大原学園大原簿記学校

■発　行　所　大原出版株式会社

　　　　　　　〒101-0065
　　　　　　　東京都千代田区西神田1-2-10
　　　　　　　TEL　03-3292-6654

■印刷・製本　株式会社　メディオ